Stefan Kery

Aufbau und Charakterisierung eines Systems zur Mikrobearbeitung mit Ultrakurzpulslaser

GRIN Verlag

Bibliografische Information der Deutschen Nationalbibliothek:

Die Deutsche Bibliothek verzeichnet diese Publikation in der Deutschen Nationalbibliografie; detaillierte bibliografische Daten sind im Internet über http://dnb.d-nb.de/ abrufbar.

Impressum:

Druck und Bindung: Books on Demand GmbH, Norderstedt Germany
ISBN: 978-3-640-22401-2

Dieses Buch bei GRIN:

GRIN - Your knowledge has value

Aufbau und Charakterisierung eines Systems zur Mikrobearbeitung mit Ultrakurzpulslaser

Diplomarbeit
von

Stefan Kéry

Fachhochschule München
Fakultät 06
Physikalische Technik
Studienrichtung Mikrosystemtechnik

Tag der Einreichung: 26. Juli 2007

München 2007

Kurzfassung

In der vorliegenden Arbeit werden der Aufbau und die Charakterisierung eines Lasersystems für die Mikrobearbeitung beschrieben und durchgeführt. Insbesondere steht die Messung der Pulsdauer mit einem Autokorrelator, die im Rahmen der Lasertechnik-Vorlesung als Praktikumsversuch Anwendung finden soll, im Mittelpunkt. Um den Sachverhalt der Frequenzverdopplung, die für die Autokorrelationsfunktion von großer Bedeutung ist, besser zu verstehen, wurde ein Grossteil der Arbeit der Theorie der nichtlinearen Optik gewidmet.

Inhaltsverzeichnis:

1. Einleitung

Seit der ersten experimentellen Realisierung eines Lasers im Jahr 1960 durch T.H. Maiman [1] ist das Gebiet der Laserphysik stark expandiert. Die Entdeckung und Weiterentwicklung unterschiedlichster Lasermaterialien führte zu einem weiten Anwendungsbereich, dass sich von Medizin [2] über Materialbearbeitung [3] bis hin zur Telekommunikation [4] erstreckt.

Im Bereich der Mikrobearbeitung hat sich der Laser als sehr nützliches Instrument erwiesen. Durch seine Flexibilität und seiner Fähigkeit nahezu jedes Material bearbeiten zu können, ist sein Einsatzgebiet scheinbar grenzenlos.
Aufgrund seiner Bearbeitung ist es möglich, die Effektivität von Bauteilen zu erhöhen. So erfahren Oberflächen nach einer Strukturierung mit dem Laser eine Verbesserung ihrer tribologischen Eigenschaft
Ein Gebiet, in dem zunehmend geforscht wird, ist das Laserritzen von Solarzellen. Mit herkömmlichen Methoden getrennte Solarzellen weisen durch lokale Kurzschlüsse Wirkungsgradverluste bis zu 30 % auf. Das neuartige Laserritzverfahren für mono- und polykristalline Silicium-Wafer ermöglicht eine saubere und kostengünstigere Separierung.
Eines der ersten Anwendungen in der Mikrobearbeitung ist das Bohren von Löchern. Mit Durchmessern von weniger als 20 µm ist diese Applikation für die Herstellung von Druckerdüsen oder Mikro-Filtern unverzichtbar geworden.
Auch im kommerziellen Bereich hat sich der Laser etabliert. Eine Laseranlage zum Beschriften und Markieren von Oberflächen gehört heutzutage zur Standard-Ausrüstung wenn es darum geht, hohe Durchsatzraten zu erzielen.

Im Rahmen eines Projekts zur Strukturierung von Dünnschichtsolarzellen wurde ein Laser Bearbeitungssystem aufgebaut, dass darüber hinaus auch für gängige Mikrobearbeitungen verwendet werden soll. Die vorliegende Diplomarbeit beschäftigt sich mit dem Aufbau und der Charakterisierung des eingebauten Lasersystems.
Im ersten Teil der Arbeit wird auf die Erzeugung und Verstärkung von Laserpulsen des Lasers eingegangen, wobei das Prinzip der Modenkopplung und ihre Realisierung über einen sättigbaren Absorberspiegel genauer dargelegt werden. Um den Vorgang der Pulseinkopplung in den Verstärker besser zu verstehen, folgt eine detaillierte Beschreibung des Strahlenverlaufs im Laser. Die Ansteuerung und Einstellmöglichkeiten der Laseranlage beenden das Kapitel.
Die ausgehende Laserstrahlung ist nicht nur durch ihre Wellenlänge und deren Leistung charakterisiert. Ein wichtiger Wert, um die Qualität der Laserstrahlung zu beschreiben ist die Beugungsmaßzahl, auch als M^2 bezeichnet. Die Methode zur Durchführung und Auswertung der Strahlqualitätszahl sowie deren Einfluss auf die Fokussierung von Laserstrahlen wird im 3. Abschnitt diskutiert. Das Verfahren zur

Änderung des Fokusdurchmessers und die Berechnung der daraus resultierenden Energiedichte folgen abschließend.
Der Mittelpunkt dieser Arbeit besteht in der Bestimmung der Laserpulslänge mit Hilfe eines dazu aufgebauten Autokorrelators. Um den Sachverhalt der Frequenzverdopplung durch einen nichtlinearen Kristall, die zur Gewinnung der Autokorrelationsfunktion 2. Ordnung erforderlich ist, zu verstehen, liegt ein Schwerpunkt in der Theorie der nichtlinearen Optik. Auf die, für effektive Frequenzverdopplung, wichtige Thematik der Phasenanpassung und deren Realisierung wird am Ende des Kapitels eingegangen.
Der Aufbau des Autokorrelators - speziell der eingebaute nichtlineare Kristall und die Auswertung der Messergebnisse - sind der Inhalt der folgenden zwei Abschnitte. Mit einer Zusammenfassung beschließt Kapitel 7 die Arbeit.

2. Lasersystem für die Mikrobearbeitung

In der Materialbearbeitung mittels Laserpulsen hat die Pulsdauer einen entscheidenden Einfluss auf das Arbeitsergebnis [5]. Die Wechselwirkung eines Laserpulses mit der Materie kann in vier Schritten beschrieben werden. Trifft der Laser auf das Target so findet in diesem eine Deposition der Laserenergie statt. Anschließend durchläuft der getroffene Bereich einige sehr schnelle Phasenübergänge und geht schließlich in einen Plasmazustand über. In einem dritten Schritt findet die Trennung des getroffenen Bereiches vom Rest des Target statt; die Ablation. Im vierten, abschließenden Abschnitt dehnt sich die Plasmawolke in die Umgebung aus.
Die Deposisiton von Laserenergie in einem Target hängt stark von der Art des Materials ab insbesondere von ihrer Wärmeleitfähigkeit. Diese sagt aus, wie schnell die auftreffende Laserenergie an die Umgebung abgegeben wird und so ein Aufheizen der Gitterstruktur bewirkt.
Ist die Pulsdauer wesentlich kürzer als die „Heizzeit" des Gitters, kann eine Wärmeleitung in die Umgebung vernachlässigt werden. Dies macht ein sehr präzises Arbeiten möglich, da die Effekte durch den Laserpuls strikt auf den getroffenen Bereich beschränkt bleiben.
Um im Mikrometer-Bereich saubere und reproduzierbare Resultate erzielen zukönnen, sind heutzutage Laser mit Pulsbreiten von Pikosekunden im Einsatz. Für diesen Aufbau wurde ein diodengepumpter Festkörperlaser der Firma *High Q Laser* integriert, da er sich durch große Stabilität und einfache Handhabung auszeichnet.

2.1 Aufbau des Lasersystems

Der Aufbau des Lasers besteht im Wesentlichen aus zwei Modulen. Dem Seed-Laser, in dem die Erzeugung der ultrakurzen Laserpulse erfolgt, und dem regenerativen Verstärker, der die Pulsenergie um ein Vielfaches verstärkt.

Der Seed-Laser

Im Seed-Laser befindet sich ein Nd:VAN-Kristall (Nd:YVO_4) als Lasermedium, der bei einer Wellenlänge von 1064 nm laseraktiv ist. Der Vorteil gegenüber den sonst weitverbreiteten YAG Kristallen besteht darin, dass sein Wirkungsquerschnitt σ, der die effektive Fläche angibt, mit der ein Atom die Photonen absorbiert, wesentlich effizienter ist. Durch seine extrem starke Doppelbrechung emittiert der Kristall nahezu ideal polarisiertes Licht [6], die für den Strahlenverlauf im Laser von großer Bedeutung ist.

Der Kristall wird von einer Laserdiode gepumpt, die ihre Leistung bei einer Wellenlänge von 808nm einstrahlt. Sie wird dabei mit einem Strom von 1A betrieben. Da die emittierte Wellenlänge der Pumpdiode sehr empfindlich auf Temperaturänderungen reagiert, ist eine stabile Kühlung unabdingbar für einen soliden Laserbetrieb. Ebenso muss die, durch die hohe Verlustleistung der Laserdiode entstandene Wärme effizient abtransportiert werden. Die Kühlwassertemperatur bei diesem System beträgt 19℃ wobei eine Stabilität von ±0,1 ℃ realisiert wird.
Da sich die Laserdioden mit zunehmender Laufzeit deutlich abschwächen, wird der Kristall nicht mehr effektiv gepumpt, und die Laserleistung wird erheblich vermindert. Daher sind die Pumpdioden, sowohl für den Seed-Laser als auch für den regenerativen Verstärker, jeweils in einem URDM, einem user-replaceable diode module, untergebracht. Dies hat den Vorteil, dass der Kunde selbst das Modul austauschen kann, und somit die Service-Kosten niedrig gehalten werden.
Die Realisierung des ultrakurzen Pulses erfolgt durch einen sättigbaren Absorberspiegel. Auf diesen wird im folgenden Kapitel näher eingegangen.
Da im Pulsbetrieb ein einziger Pikosekundenpuls im Resonator hin- und herläuft, wird die Repetitionsrate f_{rep} des Lasers durch die Resonatorlänge l bestimmt [7]:

$$f_{rep} = \frac{c}{2l} \tag{2.1}$$

Für den Anwender ist die Repetitionsrate ein wichtiger Faktor, da sich über diesen und der mittleren Ausgangsleistung P die Pulsenergie berechnen lässt [7]:

$$W = \frac{P}{f_{rep}} \tag{2.2}$$

Eine Messung der ausgehenden Laserstrahlung ergab eine mittlere Leistung von 165 mW. Mit der Repetitionsrate des Seed-Lasers von 70 MHz wird somit eine Pulsenergie von 2,36 nJ erreicht.

Der regenerative Verstärker

Da die Energie für viele Applikationen nicht ausreichend ist, wird die Pulsenergie im regenerativen Verstärker [8] um ein vielfaches erhöht. Dabei läuft ein einzelner Puls mehrmals durch das Verstärkermedium, ebenfalls ein Nd:VAN-Kristall, und intensiviert sich bei jedem Durchgang. Die Pumpdiode, die ihre Leistung ebenfalls bei einer Wellenlänge von 808 nm in den Kristall einstrahlt, wird mit 22 A betrieben.
Wenn keine Besetzungsinversion mehr vorliegt, erreicht der Puls eine Sättigung und wird mit Hilfe einer im Resonator befindlichen Pockelszelle über einen Dünnschichtpolarisator aus dem reg. Verstärker ausgekoppelt.

Bei einer eingestellten Repetitionsrate des Verstärkers von 20 kHz wird nur jeder 3500. Puls verstärkt, die anderen gehen verloren. Mit einer mittleren Ausgangsleistung von 1,8 W wurde eine Verstärkung der Pulsenergie von vier Größenordnungen erreicht, und beträgt nun 90 µJ.

2.2 Erzeugung ultrakurzer Laserpulse

Um den, für den Materialabtrag erforderlichen Dampfdruck zu erzielen, werden Strahlungsintensitäten von einigen 10^6 bis 10^8 W/cm^2 benötigt. Im Pulsbetrieb lassen sich solche Werte sehr einfach erreichen.
Die einfachste Möglichkeit einen Laser im Pulsbetrieb zu benutzen besteht darin, die Anregungsleistung zu pulsen [7]. Zur Anregung dienen Blitzlampen, die kurzzeitig Leistungen von 10^6 Watt liefern. Die Pulsdauer solcher Systeme liegt im µs-Bereich. Pulse mit einer Dauer von einigen ns lassen sich durch die Güteschaltung realisieren. Das Prinzip dieses Verfahrens liegt darin, im Laserkristall Anregungsenergie zu speichern und diese dann schlagartig in Form eines kurzen, intensiven Lichtimpulses zu nutzen [9]. Aktive Güteschaltungen werden meist durch akkustooptische oder elektrooptische Modulatoren realisiert. Eine häufig verwendete Modulationsart stellt die Pockelszelle in Verbindung mit einem Polarisator dar.
Weitaus kürzere Pulse, die bis in den Femtosekunden-Bereich reichen, werden mit der Technik der Modenkopplung erzeugt [10].

2.2.1 Modenkopplung

Die im Laserresonator anschwingenden longitudinalen Moden sind im freilaufenden Betrieb unabhängig voneinander. Ihre Phasenbeziehung unterliegt statistischen und zeitlichen Schwankungen, dessen Ausgangssignal einem Rauschen ähnelt. Über optische Modulatoren, die im Resonator eingebaut sind, ist es jedoch möglich, die konstruktive Überlagerung der Moden zu erzwingen. Werden die Phasendifferenzen der anschwingenden Moden so unterdrückt, dass die Feldstärkeamplituden sich bei jedem Resonatorumlauf an einem Ort konstruktiv überlagern, so werden sehr kurze Pulse mit hohen Intensitäten erzeugt. Eine mathematische Beschreibung verdeutlicht diese Tatsache.

Der zeitliche Verlauf der elektrischen Feldstärke einer stehenden Welle ergibt sich zu [11]:

$$\vec{E}_i = \vec{E}_{i0} \sin(2\pi \nu_i t + \varphi_i) \tag{2.3}$$

Gelangen N solcher stehender Wellen zur Selbsterregung, so summieren sich die einzelnen Wellen auf und für die resultierende Feldstärke gilt [11]:

$$\vec{E} = \vec{E}_0 \sum_{i}^{i+N-1} \sin(2\pi\nu_i t) \tag{2.4}$$

Dabei wurde angenommen, dass alle Wellen die gleiche Amplitude E_0 und durch die Modenkopplung alle Phasen φ_0 null sind. Mit der Frequenz $c/2L = \Omega$, mit der sich die benachbarten Moden unterscheiden, ergibt sich für die Ausgangsintensität [11]:

$$I = I_0 \left(\frac{\sin(N\pi\Omega t)}{\sin(\pi\Omega t)} \right)^2 \tag{2.5}$$

Mit zunehmender Zahl N gekoppelten Moden steigt die Intensität quadratisch an und die Pulsbreite nimmt linear ab.

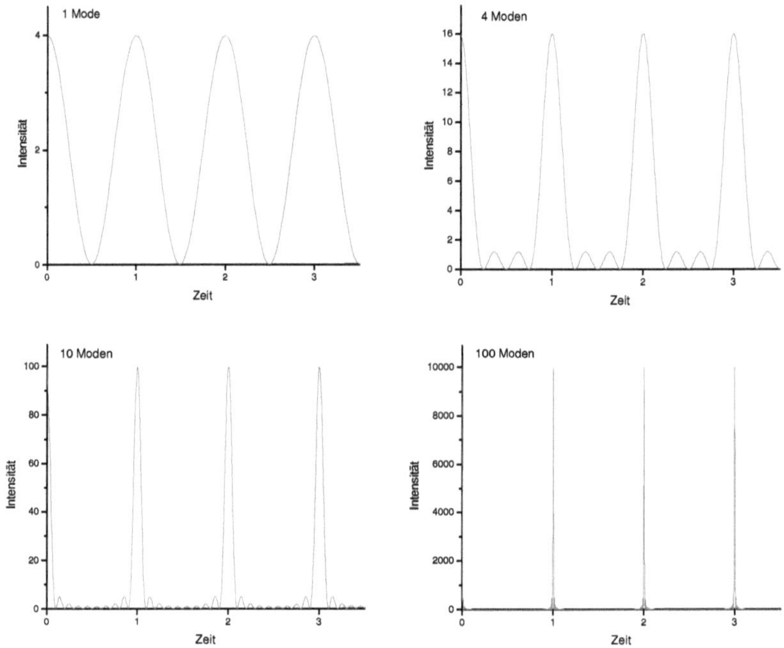

Abb. 2.1 Zeitlicher Verlauf der Laserintensität für die Überlagerung unterschiedlicher Anzahl von Moden.

2.2.1.1 Passive Modenkopplung

Die ersten modengekoppelten Laser waren aktiv modengekoppelt [12,13]. Bei dieser Methode wird ein optischer Intensitätsmodulator innerhalb des Resonators von einem externen Taktgeber synchron zur Umlaufdauer angesteuert. Sehr viel kürzere Pulse lassen sich durch passive Modenkopplung erzeugen [14]. Die Verlustmodulation wird in diesem Fall vom optischen Puls selbst gesteuert. Zur passiven Modenkopplung wird ein sättigbarer Absorber eingesetzt.

2.2.1.2 Sättigbarer Absorberspiegel

Für die Herstellung eines sättigbaren Halbleiterspiegels wird die MBE-Technik (Molecular Beam Epitaxy) verwendet. Der schematische Aufbau eines solchen Spiegels ist in Abb. 2.2 dargestellt. Auf ein GaAs-Substrat wird ein Bragg-Spiegel [15] aufgewachsen, der aus ca. 27 periodisch angeordneten AlAs/GaAs-Schichtpaaren besteht. Durch die unterschiedlichen Brechungsindizes der beiden transparenten Materialien findet an deren Grenzschicht eine Reflexion statt. Wenn die Dicke der AlAs- und GaAs-Schichten einem Viertel der optischen Wellenlänge im Material entspricht, interferieren die reflektierten Wellenanteile so, dass nahezu 100% der optischen Welle am Bragg-Spiegel reflektiert werden. Auf den Bragg-Spiegel wird die Absorber-Sektion gewachsen bestehend aus einer absorbierenden InGaAs-Schicht. Zuletzt wird eine Anti-Reflexions-Schicht (AR-Schicht) [16] auf die Absorber-Sektion aufgebracht.

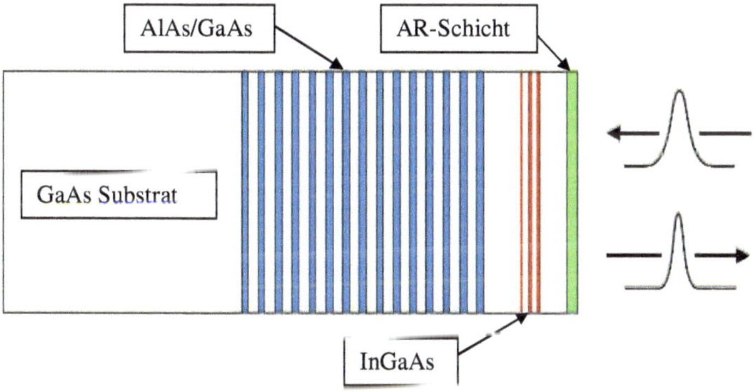

Abb. 2.2 Struktur eines sättigbaren Halbleiterspiegels.

Das Prinzip des Lasers ist die stimulierte Emission von Licht. Dieses Licht läuft zwischen zwei Spiegeln, dem Resonator, durch das aktive Medium hin und her und bewirkt so eine Verstärkung der Lichtwelle. Dabei ist ein Spiegel teildurchlässig und dient dazu, einen Teil des Laserstrahls aus dem Resonator zukoppeln. Der andere hingegen reflektiert das Licht zu 100%. Wird dieser Spiegel durch den sättigbaren Halbleiterspiegel ersetzt bewirkt er, dass ein Teil des reflektierten Pulses absorbiert wird und somit die Rückkopplung in das aktive Medium unterbricht. Im aktiven Medium kann sich nun eine Besetzungsinversion aufbauen.
Für die Transmission T der Absorber-Schicht gilt mit dem Absorptionskoeffizient α:

$$T = T_0^{\alpha} \qquad \alpha(I) = \alpha(0)\left(1 + \frac{I}{I_s}\right)^{-1} \tag{2.6}$$

Dabei ist I_s die materialabhängige Sättigungsintensität. Mit steigender Intensität werden immer mehr Elektronen in einen angeregten Zustand gebracht, aus der sie durch stimulierte Emission wieder in den Grundzustand gelangen. Diese Schicht ist transparent, wenn sich ebenso viele Elektronen im Grund- wie auch im angeregten Zustand befinden.
Die Anfangstransmission T_0 wird durch entsprechende Dotierung des Halbleiterspiegels so gewählt, dass bei maximaler Besetzungsinversion der Absorber transparent wird, und die gesamte Intensität in das aktive Medium zurückgekoppelt wird. Die darin gespeicherte Anregungsenergie wird als intensitätsstarker Riesenimpuls abgegeben.

2.3 Strahlengang im Laser

Das Ein- und Auskoppeln des Laserpulses in den Verstärker sowie die Strahlführung aus dem Laser hinaus erfolgt über optische Modulatoren. Im Folgenden sollen, der besseren Übersicht wegen, die parallele und die senkrechte Polarisation als p- und s- bezeichnet werden.

2.3.1 Optische Komponenten im Strahlengang

Der Verlauf der Laserstrahlung wird über optische Modulatoren gesteuert. Diese bewirken, aufgrund ihrer doppelbrechenden Eigenschaft, eine Änderung der Polarisationsrichtung. Dadurch wirkt der Laserstrahl für einige Bauelemente transmittierend, für andere hochreflektierend.
Eine dieser Modulatoren ist die Pockelszelle. Bestimmte Materialien werden bei Anlegen einer Spannung doppelbrechend. Durch die Brechzahländerung Δn entsteht ein Phasenunterschied φ zwischen den beiden Komponenten des Feldstärke

Vektors $\vec{E}$ (Abb. 2.4), was eine Änderung der Polarisationsrichtung der ausgehenden Strahlung bewirkt. Diese ist proportional zur angelegten Spannung *U* und ist abhängig von der Kristalllänge *l* und dem Abstand der Elektroden *d*:

$$\varphi = \frac{2\pi Ula}{\lambda d} \tag{2.7}$$

Dabei ist *a* eine materialabhängige Konstante die die Orientierung und den Brechungsindex des Kristalls berücksichtigt. Die Pockelszelle ist so geschaltet, dass die Polarisation der Laserstrahlung von linear in zirkular und umgekehrt übergeht. Dabei spielt die Polarisationsrichtung der einfallenden Strahlung eine entscheidende Rolle. Wird die Pockelszelle so betrieben, dass die Phasenverschiebung ein viertel der Wellenlänge beträgt, so wirkt sich die Änderung wie folgt aus: Fällt senkrecht polarisiertes Licht ein, so ist der Strahl rechtszirkular, fällt parallel polarisiertes Licht ein ist der ausgehende Strahl linkszirkular polarisiert.
Die Änderung der Polarisationsrichtung des Strahls erfolgt innerhalb weniger Nanosekunden. Diese kurzen Schaltzeiten sind nötig, um aus dem Seed-Laser kommenden Pulszug einen einzelnen Puls herauszunehmen.

Ein weiterer Modulator ist der Faraday-Rotator. Dieser beruht auf dem magnetooptischen Effekt. In einigen doppelbrechenden Materialien tritt optische Aktivität auf, wenn man ein magnetisches Feld parallel zur Ausbreitungsrichtung des Strahles anlegt. Dabei ist der Winkel α, um den sich die Schwingungsebene dreht, proportional zur angelegten magnetischen Feldstärke *H* und der Länge *l* des im Feld befindlichen Materials:

$$\alpha = V \cdot d \cdot H \tag{2.8}$$

Die materialabhängige Proportionalitätskonstante *V* wird als Verdet-Konstante bezeichnet. Die besondere Eigenschaft des Faraday-Effektes ist, dass der

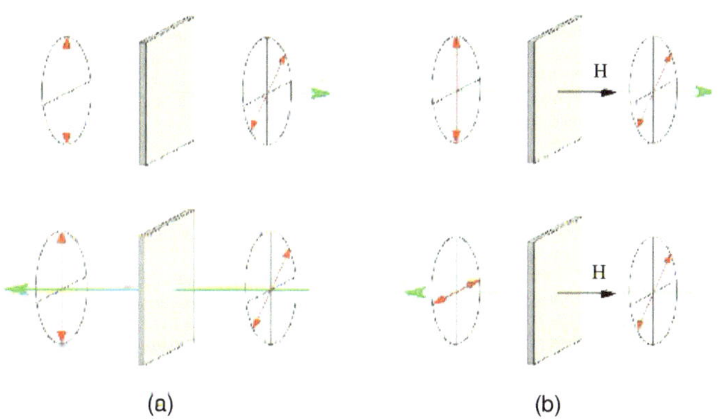

Abb. 2.3 Änderung der Polarisationsrichtung bei zweimaligem Durchgang durch ein $\lambda/2$ Plättchen (a) und durch einen Faraday Rotator (b).

Drehwinkel α unabhängig von der Ausbreitungsrichtung des Laserstrahls ist. Das bedeutet, dass die Polarisationstransformation nicht wieder rückgängig gemacht wird, wenn der Laserstrahl wiederholt den Rotator durchläuft, sondern dass die Polarisationsebene erneut um den Winkel α weitergedreht wird Abb. 2.3 (b). Dies erlaubt, mit Hilfe eines eingebauten Polfilters, die Konstruktion einer optischen Diode.

Neben den aktiven Modulatoren, die die Polarisationsrichtung des Strahls ändern, befinden sich auch passive im Strahlengang, die eine Richtungsänderung des Feldstärkevektors bewirken.
Bei einem $\lambda/2$ bzw. $\lambda/4$ Plättchen wird ebenfalls das Phänomen der Doppelbrechung angewendet. Dabei wird ein polarisierter Strahl, der unter einem bestimmten Winkel θ zur optischen Achse o.A. einfällt, in eine senkrechte und eine parallele Komponente zerlegt (Abb. 2.4).
Bei einem $\lambda/2$ Plättchen kann die Dicke d so gewählt werden, dass die beiden Komponenten am Ausgang des Plättchens um $\lambda/2$ gegeneinander verschoben sind:

$$(n_e - n_o)d = \lambda / 2 \tag{2.9}$$

Der ausfallende Strahl ist wieder linear polarisiert wenn linear polarisiertes Licht eingestrahlt wurde, wobei sich die Polarisationsrichtung um den Winkel 2θ gedreht hat.

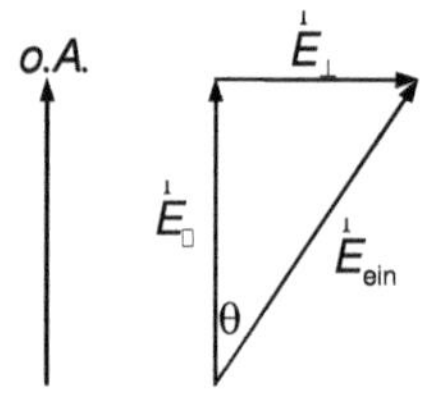

Abb. 2.4 Der elektrische Feldvektor $\vec{E}_{ein}$ spaltet sich in eine parallele und eine senkrechte Komponente zur optischen Achse o.A. auf.

Ähnlich ist es bei einem $\lambda/4$ Plättchen. Hier wird die Dicke d so eingestellt, dass sich eine Phasenverschiebung der beiden Strahlen von $\lambda/4$ ergibt:

$$(n_e - n_o)d = \lambda / 4 \tag{2.10}$$

Die Änderung der Polarisation der durchgehenden Strahlung ist identisch mit der der Pockelszelle.

Der Reflektionsgrad einer Platte aus Glas ist für senkrecht und parallel zur Einfallsebene polarisiertes Licht im Allgemeinen verschieden. Fällt das Licht unter dem Brewster-Winkel von 56° ein, wird die p-Polarisation nicht reflektiert. Die s-Polarisation hingegen wird mit $\eta < 1$ reflektiert. Mit speziellen Beschichtungen kann das Reflexionsvermögen einer solchen Glasplatte erhöht werden. Sie werden als Dünnschichtpolarisatoren bezeichnet (englisch: thin film polariser kurz TFP). Aufgrund ihrer guten polarisierenden Eigenschaften und ihrer hohen Zerstörschwellen werden solche Dünnschichtpolarisatoren in hochverstärkenden Lasern als Polarisatoren eingesetzt.

Häufig müssen, in Abhängigkeit von der Applikation, unterschiedliche Leistungen mit dem Laser abgedeckt werden. Die Abschwächung erfolgt dabei über einen Attenuator, der sich am Ausgang des Lasers befindet.
Nach dem Gesetz von Malus ist die Intensität eines polarisierten Strahls nach dem Durchgang durch einen Polarisator:

$$I = I_0 \cos^2 \theta \tag{2.11}$$

Hierbei ist θ der Winkel zwischen Polarisationsrichtung und Achse des Polarisators. Dieses winkelabhängige Transmissionsverhalten wird in dem Attenuator ausgenutzt. In diesem ist eine $\lambda/2$ Platte vor einen Polarisator positioniert. Durch Rotation der $\lambda/2$ Platte um dessen optische Achse wird die Polarisationsrichtung des einfallenden linear polarisierten Laserstrahls gedreht. Durch den dahinter stehenden Polarisator wird abhängig von der Polarisationsrichtung mehr oder weniger Leistung transmittiert.

2.3.2 Verlauf der Laserstrahlung im Laser

Der Laserpuls verlässt den Seed-Laser mit einer zur Tischebene parallelen Polarisationsrichtung. Der Durchgang durch den Faraday-Rotator bewirkt eine 45° Drehung der Polarisation, die durch das $\lambda/2$ Plättchen eine weitere Änderung um 45° erfährt. Der Puls wird nun s-polarisiert in den reg. Verstärker gelenkt und am TFP reflektiert.

Liegt an der Pockelszelle keine Spannung an, so ändert sie die Polarisationsrichtung des einfallenden Laserpulses. Wird die Pockelszelle hingegen mit einer $\lambda/4$ Spannung betrieben, so bleibt die Polarisationsrichtung des Laserpulses erhalten. Dieser Vorgang soll etwas detaillierter beschrieben werden.

Der s-polarisierte Puls steht nun, nach durchlaufen des $\lambda/4$ Plättchens, rechtszirkular polarisiert vor der Pockelszelle. Der Laserpuls geht durch die spannungslose Pockelszelle, wird am Resonatorspiegel reflektiert, dreht dabei seinen Polarisationsdrehsinn in linkszirkular und ist nach dem Durchgang durch das $\lambda/4$ Plättchen p-polarisiert. Somit ist er für den TFP transmittierend und durchläuft den Verstärker. Um den Puls im Verstärker zu halten wird die Pockelszelle mit einer λ/4 Spannung geschaltet. Beim Zurücklaufen bewirkt das λ/4 Plättchen, dass der immer noch p-polarisierte Puls linkszirkular durch die nun unter Spannung stehende Pockelszelle geht, durch diese aber nun s-polarisiert auf den Resonatorspiegel trifft und dort ohne Änderung reflektiert wird. Erst nach dem Durchgang durch die geschaltete Pockelszelle erfährt er eine linkszirkulare Polarisation, die nach Durchlaufen des λ/4 Plättchens in p-polarisiert ändert und erneut durch den Verstärker läuft. Der Laserpuls ist nun im Verstärker gefangen. Nachfolgende Pulse erfahren, aufgrund der unter Spannung stehenden Pockelszelle, keine Änderung ihrer Polarisationsrichtung, sind somit für den TFP hochreflektierend und durchlaufen nicht das Verstärkermedium.

Um den zu verstärkenden Laserpuls nach maximaler Sättigung aus dem Verstärker auszukoppeln, wird die Pockelszelle abgeschalten, woraufhin sich eine s-Polarisation des Pulses einstellt und dadurch über den TFP aus dem Verstärker reflektiert wird.
Der Laserpuls läuft nun zurück durch das λ/2 Plättchen, wird um 45° gedreht und geht nun durch den Faraday-Rotator, der aufgrund seiner besonderen Eigenschaft den Puls um –45° wieder in s-Polarisation bringt. Dieser wird nun am einen im Rotator eingebauten TFP reflektiert und verlässt diesen. Die Funktion als optische Diode wird nun erkennbar. Über einen variablen Abschwächer, dem Attenuator, gelangt der Puls senkrecht polarisiert aus dem Laser.

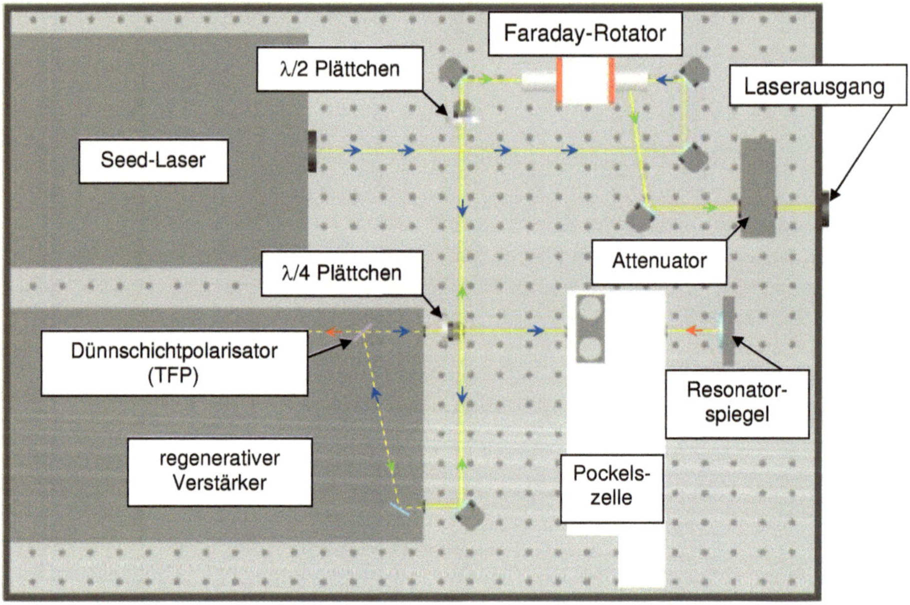

Abb. 2.5 Strahlengang im innern des Lasers. Der blaue Pfeil symbolisiert den generierten Laserpuls aus dem Seed-Laser, der rote Pfeil den eingefangenen Puls, und der grüne Pfeil steht für den verstärkten ausgehenden Laserpuls.

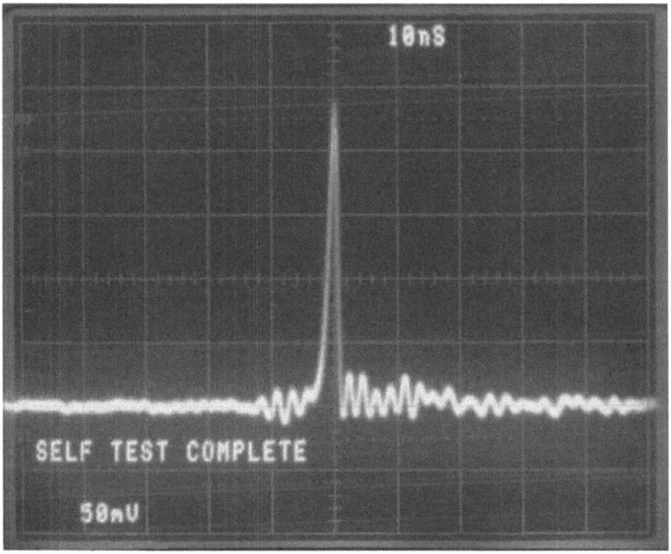

Abb. 2.6 Darstellung der ausgehenden Laserstrahlung am Oszilloskop.

2.4 Steuerung

Das System von *High Q Laser* erlaubt es eine Vielzahl von Einstellungen, die die Leistung und die Pulsqualität betreffen, vorzunehmen.
Eine der wichtigsten Parametereinstellungen ist die der Repetitionsrate, die über das Programm „PDG Controller“ vorgenommen wird. Die Software erhält über den Programmable Delay Generator (PDG) ein Triggersignal, mit der die ausgehende Repetitionsrate generiert wird. Dabei kann zwischen einem internen Signal, das der Seed-Laser liefert, und einem externen Signal gewählt werden. Die ausgehende Pulsfolge wird mit Hilfe eines Teilers angepasst. Für eine Pulsrate von 20 kHz muss das interne Triggersignal des Seed-Lasers von 70 MHz mit einem Teiler von 3500, der unter „Div(27)“ eingetragen wird, dividiert werden. Das anschließende Aktivieren des Kästchens „Pulse Enable“ startet den Laservorgang. Die maximale Ausgangsrate ist jedoch bis 30 kHz begrenzt, da die Schaltzeit der Pockelszelle keine höheren Repetitionsraten zulässt. Die Bestätigung der geänderten Werte erfolgt über einen Mausklick auf das entsprechende Label.

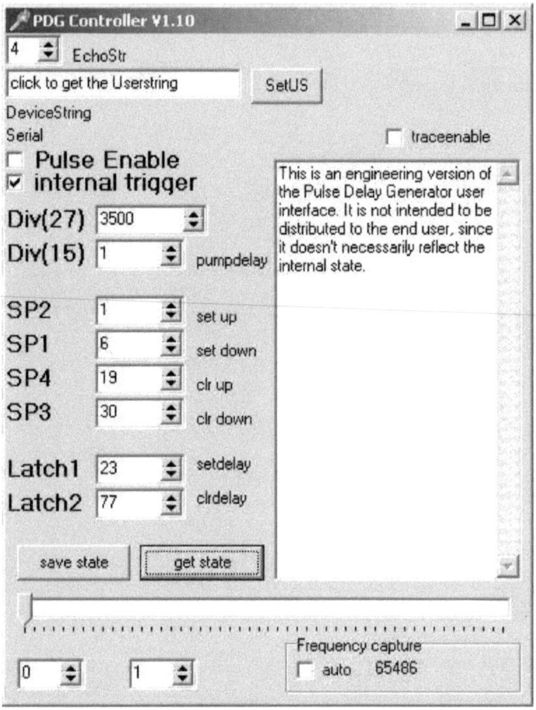

Abb. 2.7 Software Oberfläche zur Einstellung der Repetitionsrate und der Pockelszellen Schaltzeit.

Das Ein- und Ausschalten der Pockelszelle erfolgt über kurze Impulse. Mit den Schaltflächen „SP1“ bis „SP4“ ist es möglich, die Schaltzeiten der Pockelszelle (Abb. 2.8) zu beeinflussen und so das Einkoppeln von nur einem Puls in den Verstärker zu gewährleisten. Dabei sind im Wesentlichen die Werte von „SP1“ und „SP4“ relevant, da diese das Zeittor eines Pulses öffnen. Über „Latch1“ und „Latch2“ kann dieses Tor sehr fein justiert werden. Zusätzlich kann am Controller die Spannung der Pockelszelle verändert werden, um die Verluste durch die Vorpulse zu minimieren.

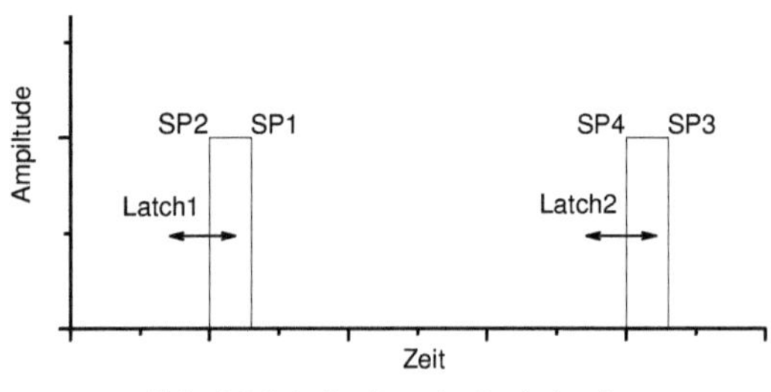

Abb. 2.8 Schaltzeit an der Pockelszelle.

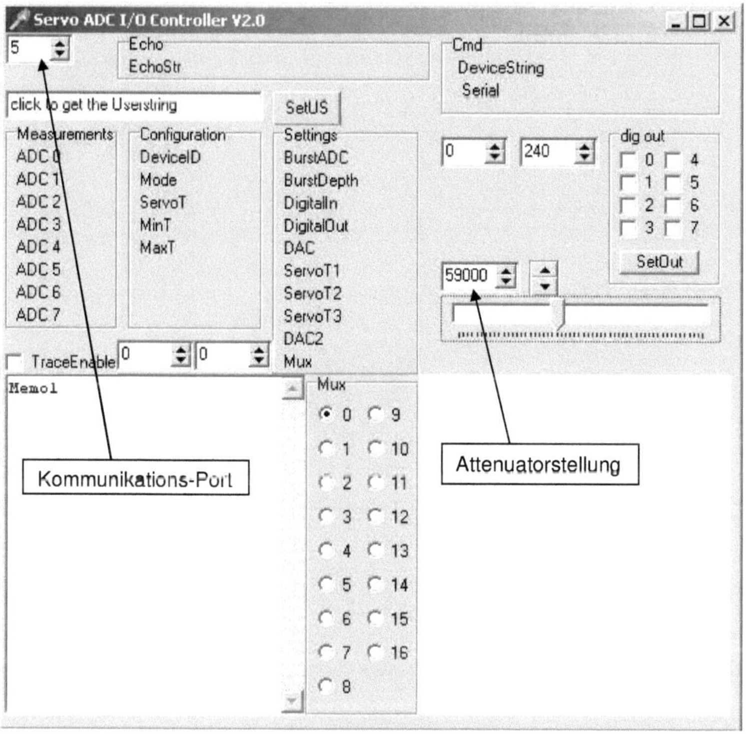

Abb. 2.9 Software Oberfläche zur Einstellung des Attenuators.

Wie in Kapitel 2.1 erwähnt, kann die ausgehende Laserleistung über einen Attenuator verändert werden. Dies geschieht über das Programm „Servo ADC I/O Controller". Um einen Konflikt mit dem PDG Controller zu vermeiden, ist auf die richtige Einstellung des Kommunikations-Ports, die über zwei Pfeiltasten erfolgt, zu achten.
Die Änderung der Attenuatorstellung erfolgt über einen Schieberegler. Sein momentaner Wert, der zwischen 56800 und 62300 eingestellt werden kann, wird über dem Schieber angezeigt.

Zusätzlich können noch über drei externe Controller Änderungen vorgenommen werden. Zwei davon dienen dazu, die Stromstärken und damit die Leistung der Pumpdioden zu verändern. Mit dem dritten Controller kann die Spannung der Pockelszelle eingestellt werden.

Das Auffinden der richtigen Parameter für einen optimalen Pulsverlauf bei unterschiedlichen Repetitionsraten erfordert etwas Fingerspitzengefühl und muss mit fortschreitender Laufzeit gegebenenfalls korrigiert werden.

3. Charakterisierung von Laserstrahlen

Laserstrahlung ist durch verschiedene Eigenschaften, wie mittlere Leistung, Strahldivergenz sowie Wellenlänge charakterisiert. Für bestimmte Anwendungen, insbesondere in der Materialbearbeitung, sind aber auch die Beugungsmaßzahl M^2 und die Pulsdauer entscheidende Kriterien, die erheblichen Einfluss auf die Schnittqualität haben.
Die Bestimmung der Beugungsmaßzahl M^2 erfolgt über die Messung und Auswertung der Strahldurchmesser, die längs des Laserstrahls gemessen werden. In dieser Arbeit wurde die Ermittlung der Durchmesser mit der Rasierklingenmethode durchgeführt.
Das Prinzip der Pulsbreitenmessung ist jedoch komplizierter und wird in einem eigenen Kapitel näher erörtert.

3.1 Methode zur Messung des Strahldurchmessers

Bei der Messung der Strahldurchmesser mit einer beweglichen Schneide wird eine Rasierklinge lateral zum Strahl gefahren und die transmittierte Leistung bei der schrittweisen Abschattung des Laserstrahls über einen Detektor aufgenommen. Dabei ist zu beachten, dass der Detektor groß genug ist, damit auch gebeugte Strahlung erfasst wird. Die auf dem Leistungsmesser gemessene Leistung entspricht dem Flächenintegral der Intensität des Laserstrahls über den nicht abgedeckten Bereich. Das Ergebnis

$$P(x) = \int_{-\infty}^{x}\int_{-\infty}^{\infty} I_0 e^{-\frac{2(x^2+y^2)}{w^2}}\, dydx = I_0 w\sqrt{\pi}\int_{-\infty}^{x} e^{-\frac{2x^2}{w^2}}\, dx \qquad (3.1)$$

ist die Gaußsche Fehlerfunktion (Abb. 3.1). Für $P(w_0/2) - P(-w_0/2) = 0{,}68P(\infty)$ ergibt sich der Strahlradius an den Positionen der Schneide, an denen die Gesamtleistung zu 84% bzw. zu 16% gemessen werden [18].

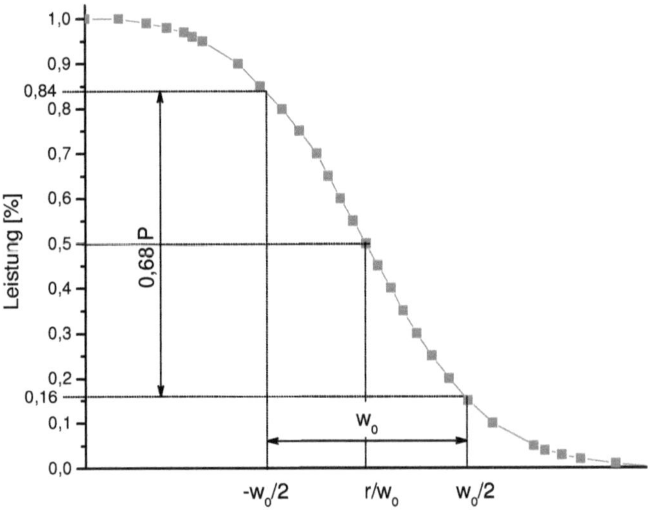

Abb. 3.1 Aufgenommene Leistung hinter der Schneide in Abhängigkeit der Schneidenposition.

3.2 Bestimmung der Beugungsmaßzahl M^2

Im Laserresonator wird das Licht hin- und herreflektiert. Dabei bilden sich stehende Wellen, die als transversal-elektrische Moden (TEM_{mn}) bezeichnet werden. Der Grundmode TEM_{00} ist dadurch gekennzeichnet, dass quer zur Strahlrichtung ein Gaußprofil vorhanden ist. Bei den höheren Moden liegen komplizierte Intensitätsverteilungen vor, wobei durch Interferenzeffekte Nullstellen quer zur Strahlrichtung auftreten. Die beiden Indizes *m* und *n* geben die Anzahl der Nullstellen in x- und y-Richtung an. Reale Laserstrahlen lassen sich als Überlagerung des Grundmodes TEM_{00} mit höheren Moden auffassen.

Die Beugungsmaßzahl M^2 beschreibt das Abweichen eines realen Laserstrahls vom idealen Gaußstrahl. Sie ist eine dimensionslose Zahl und ist bei realen Laserstrahlen immer größer als eins. Je größer M^2 ist, umso schlechter lässt sich der Strahl fokussieren. Insbesondere in der Lasermaterialbearbeitung hat die Beugungsmaßzahl einen großen Einfluss auf das Arbeitsergebnis.

Die Ermittlung der Beugungsmaßzahl erfolgt nach der ISO-Vorschrift 11146 [17]. Der Laserstrahl wird mit einer Linse fokussiert und der Strahldurchmesser, nach der oben beschriebenen Methode, an mindestens zehn Stellen längs des Strahlverlaufs gemessen. Dabei soll sich die Hälfte der Messwerte innerhalb der Rayleighlänge befinden. Nach der Bestimmung der Durchmesser werden diese quadriert und mit einem Polynom 2. Grades angepasst.

$$(2w)^2 = A + Bz + Cz^2 \tag{3.2}$$

Durch Kooffizientenvergleich ergeben sich dann die Lage der Strahltaille z_f, ihr Durchmesser $2w_f$ sowie der Fernfelddivergenzwinkel θ :

$$z_f = \frac{-B}{2C}, \quad 2w_f = \sqrt{A - \frac{B^2}{4C}}, \quad \theta = \sqrt{C} \tag{3.3}$$

Damit kann die Beugungsmaßzahl M^2 wie folgt berechnet werden:

$$M^2 = \frac{2w_f \cdot \theta}{4} \cdot \frac{\pi}{\lambda} \tag{3.4}$$

3.3 Fokussierung der Laserstrahlung

Um die hohen Intensitäten, die für den Materialabtrag erforderlich sind, zu ermöglichen, wird der Strahl mittels eines Objektivs auf die Bearbeitungsebene fokussiert. Die Abweichung zwischen dem Fokus und der Lage des Brennpunktes ergibt sich aus der Eigenschaft der Gaußschen Optik. Im Gegensatz zur geometrischen Optik hängt die Bildweite z_f nicht nur von der Brennweite f der Linse und der Objektweite z_0, sondern auch von der Rayleighlänge z_{R_0} des Laserstrahles ab (Abb. 3.2). Für die Differenz Δf ergibt sich [19]:

$$\Delta f = \frac{(z_0 - f)f^2}{(z_0 - f)^2 + z_{R_0}^2} \tag{3.5}$$

Der Spotdurchmesser des fokussierten Laserstrahls ist abhängig von der Beugungsmaßzahl. Für den Brennfleckdurchmesser für reale Laserstrahlen folgt daraus:

$$2w_f = M^2 \frac{4}{\pi} \lambda \frac{f}{D} \tag{3.6}$$

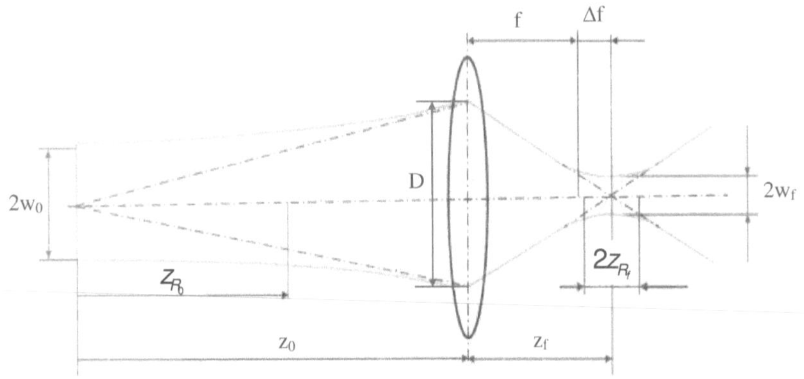

Abb. 3.2 Fokussierung eines Gaußschen Strahls.

Darüber hinaus lässt sich dem entsprechend die Rayleighlänge definieren:

$$z_R = M^2 \frac{4}{\pi} \lambda \left(\frac{f}{D} \right)^2 \tag{3.7}$$

Diese gibt die Länge an, nach der sich die Strahltaille w_f auf das $\sqrt{2}$-fache aufgeweitet hat. Bei diesem Durchmesser hat die Intensität des Strahls um die Hälfte abgenommen. Die Größe $2z_{R_f}$ wird als Fokuslänge bezeichnet.

Um den Fokusdurchmesser zu verkleinern kann ein Objektiv mit einer geringeren Brennweite f eingesetzt werden. Der Nachteil bei dieser Methode hingegen ist, dass bei der Bearbeitung das Objektiv sehr nahe am Werkstück platziert ist und die Linse während der Materialabtragung durch Materialspritzer verschmutzt wird. Wesentlich effektiver ist es, den Strahldurchmesser D vor der Fokussierung zu vergrößern. Die Verwendung von Teleskopen erweist sich hierbei als nützlich. Das Prinzip der Strahlaufweitung ist in Abb. 3.3 am Beispiel zweier Linsenteleskope dargestellt. Aus den Abbildungsgesetzen der geometrischen Optik folgt der Zusammenhang:

$$\frac{D_2}{D_1} = \frac{|f_2|}{|f_1|} \tag{3.8}$$

Beim Strahlaufweiter nach Kepler wird die Strahlung nach der ersten Linse fokussiert. Dadurch kann es durch die hohen Energiedichten zu einem elektrischen Durchbruch in der Luft kommen. Aus diesem Grund wird für die Aufweitung von Laserstrahlen das Galileo Fernrohr bevorzugt.

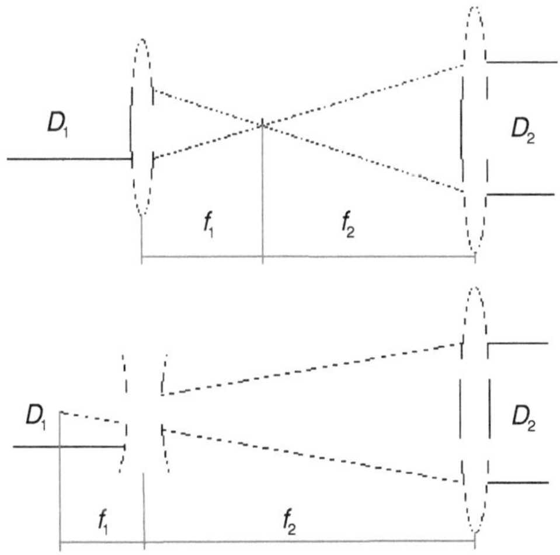

Abb. 3.3 Prinzip der Strahlaufweitung. Das obere Bild zeigt ein Kepler Fernrohr, im unteren Bild ist ein Galileo Fernrohr dargestellt.

Das Abtragvolumen bei einer bestimmten Pulsrepetitionsrate wird im Wesentlichen von der Energiedichte, auch Fluenz genannt, bestimmt. Wie schon in Kapitel 2 erwähnt wird beim Abtragen von Material Plasma erzeugt. Die dafür notwendige Energie liegt oberhalb der zum Verdampfen des Werkstoffs nötigen Energiedichte. Sie wird auch als Schwellwert bezeichnet. Die Energie der ausgehenden Laserstrahlung wird nach Gl. 2.2 ermittelt. Mit dem Fokusdurchmesser ergibt sich die Energiedichte H zu

$$H = \frac{W}{w_f^2 \pi} \tag{3.9}$$

und wird in J/cm² angegeben.

4. Autokorrelator

Die Erzeugung immer kürzerer Laserpulse erfordert eine neue Technik für die Messung ultrakurzer Pulse. Da die Zeitkonstanten von Fotodetektoren, die das Signal aufnehmen, zu groß sind, reichen diese nicht mehr aus, um eine direkte Messung der Pulsbreite zu ermöglichen.
Ein Vorgang mit der schnellsten Zeitauflösung liefert die Korrelation, bei der der Puls durch sich selbst abgetastet wird. Dieses Verfahren wird als Autokorrelation bezeichnet [20,21].

4.1 Autokorrelation eines Signals

Für ein endliches Signal x(t) ist die Autokorrelation definiert durch [22]:

$$S(\tau) = \int_{-T}^{+T} x(t)x(t-\tau)dt \tag{4.1}$$

Wird das Signal um eine feste Zeitkonstante t_0 verschoben, so wird das Autokorrelationsintegral weiterhin über das ganze Signal $x(t)$ und $x(t-\tau)$ laufen (Abb. 4.1). Da lediglich Bereiche aus dem Integral fallen bzw. hinzukommen, innerhalb derer der Inhalt der Integrals gleich Null ist, gilt:

$$\int_{-T}^{+T} x(t)x(t-\tau)dt = \int_{-T}^{+T} x(t+t_0)x(t-\tau+t_0)dt \tag{4.2}$$

Wird nun $t_0 = \tau$ gesetzt, ergibt sich aus Gl. 4.2:

$$\int_{-T}^{+T} x(t)x(t-\tau)dt = \int_{-T}^{+T} x(t+\tau)x(t)dt \tag{4.3}$$

also

$$S(\tau) = S(-\tau) \tag{4.4}$$

Die Autokorrelationsfunktion ist, unabhängig von der Form des Signals, symmetrisch.

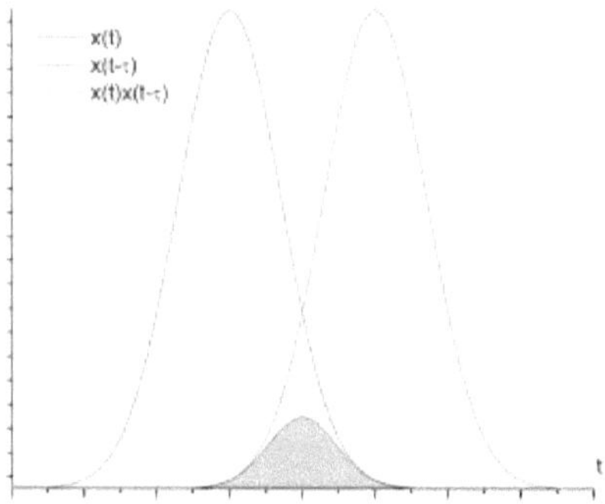

Abb. 4.1. Zwei gegeneinander verschobene Pulse x(t) und x(t-τ). Die graue Fläche entspricht der Autokorrelation bei der Zeitverschiebung τ.

4.2 Optische Autokorrelation

Der zu bestimmende Laserpuls besitzt die zeitliche Intensitätsverteilung [23]

$$I(t) = c\varepsilon_0 E^2(t) \tag{4.5}$$

Die Gesamtintensität, die auf den Detektor trifft, ist abhängig vom Wegunterschied $\Delta s = s_1 - s_2$ und dem damit verbundenen Zeitunterschied $\tau = \Delta s/c$ der beiden Teilstrahlen:

$$I(t,\tau) = c\varepsilon_0 \left[E_1(t) + E_2(t+\tau)\right]^2 \tag{4.6}$$

Mit $E(t) = E_0(t)\cos\omega t$ wird für gleiche Amplituden der beiden Teilpulse

$$I(t,\tau) = c\varepsilon_0 \left[E_0(t)\cos\omega t + E_0 \cos\omega(t+\tau)\right]^2 \tag{4.7}$$

Für das Ausgangssignal des Detektors, dessen Signal S(t) proportional zur einfallenden Intensität ist, gilt:

$$\begin{aligned} S &= \frac{1}{2T}\int_{-T}^{+T} I(t,\tau)dt \\ &= c\varepsilon_0 \left[\left\langle E_0^2\right\rangle + \frac{1}{T}\int_{-T}^{+T} E_0(t)E_0(t+\tau)\cos\omega t \cdot \cos\omega(t+\tau)dt\right] \end{aligned} \tag{4.8}$$

Da die Zeitkonstante des Detektors groß gegen die Pulslänge ist, kann die Integration von -∞ bis +∞ ausgedehnt werden. Das letzte Integral lässt sich dann durch die Korrelationsfunktion 1. Ordnung ausdrücken:

$$G^{(1)}(\tau) = \int_{-\infty}^{+\infty} \frac{E(t)E(t+\tau)dt}{E^2(t)} = \frac{\langle E(t)E(t+\tau)\rangle}{\langle E^2(t)\rangle} \quad (4.9)$$

Für sehr kurze Pulse mitteln sich die Oszillationen der im Puls enthaltenen Frequenzanteile weg und der Detektor liefert ein Signal, das unabhängig von der Verzögerung ist. Es wird also keine Information über die Pulsform *I(t)* gewonnen.

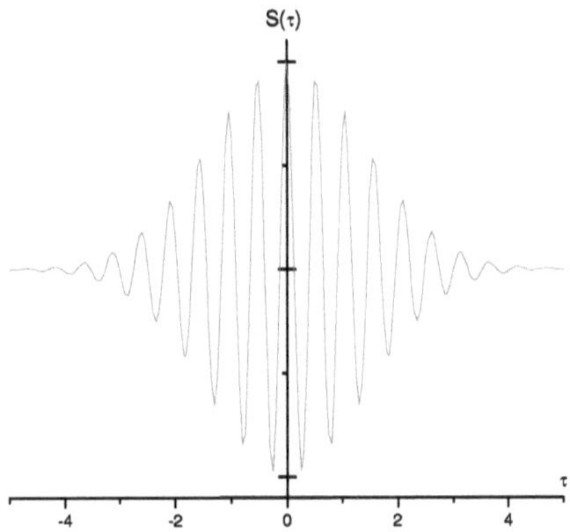

Abb. 4.2 Interferometrische Autokorrelation 1. Ordnung. Die Schwingungen resultieren aus konstruktiver bzw. destruktiver Interferenz der beiden Pulse bei der Verschiebung gegeneinander.

Wird hingegen der Puls nach der Überlagerung in einen frequenzverdoppelnden Kristall fokussiert, so ist die Intensität der 2. Harmonischen proportional zum Quadrat der einfallenden Intensität:

$$I(2\omega, t, \tau) = A\left[I_1(t) + I_2(t+\tau)\right]^2 \quad (4.10)$$

Wird über die Interferenzen gemittelt, so spricht man von der Intensitätsautokorrelation und für das Detektorsignal gilt:

$$S(2\omega, \tau) = \frac{A}{T}\int_0^T I(2\omega, t, \tau)dt = A\left[\langle I_1^2\rangle + \langle I_2^2\rangle + 4\langle I_1(t)I_2(t+\tau)\rangle\right] \quad (4.11)$$

Die beiden ersten Terme sind unabhängig von τ und ergeben einen konstanten Untergrund. Der 3. Term hingegen ist von τ abhängig und enthält die Informationen über die Pulsform.
Für $I_1 = I_2 = I/2$ und der Korrelationsfunktion 2. Ordnung

$$G^{(2)}(\tau) = \frac{\int I(t)I(t+\tau)dt}{\int I^2(t)dt} = \frac{\langle I(t)I(t+\tau)\rangle}{\langle I^2(t)\rangle} \tag{4.12}$$

ergibt 4.11:

$$S(2\omega,\tau) = A\left[G^{(2)}(0) + 2G^{(2)}(\tau)\right] = A\left[1 + 2G^{(2)}(\tau)\right] \tag{4.13}$$

Für eine vollständige Überlagerung der Pulse $\tau = 0$ folgt $G^{(2)}(0) = 1$ und das Signalmaximum ergibt $S(2\omega,\tau) = 3A$. Für völlig getrennt Pulse, also $\tau >> \Delta T$ ist $G^{(2)}(\infty)=0$ und das Signal liefert den konstanten Untergrund A.

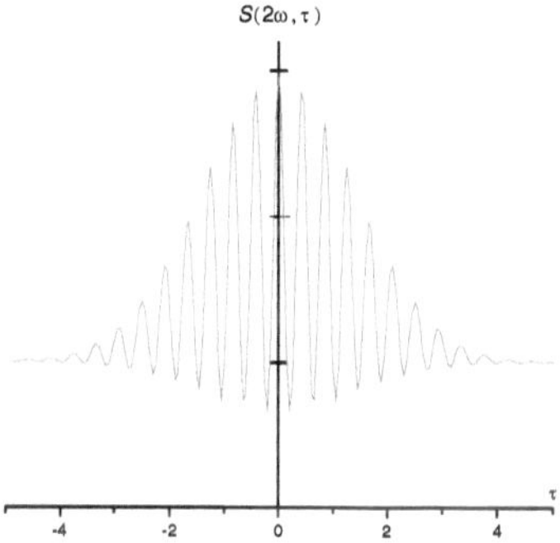

(a)

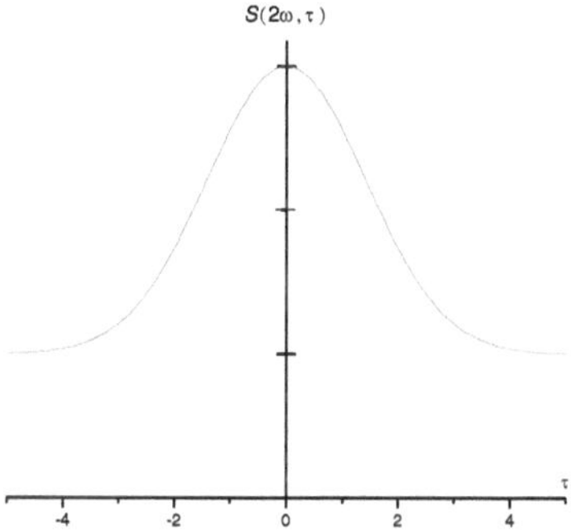

(b)

Abb. 4.3. Funktion einer Interferometrischen- (a) und einer Intensitäts- (b) Autokorrelation 2. Ordnung.

4.3 Nichtlineare Optik

Die Ausbreitung von Licht in Materie wird durch die beiden frequenzabhängigen Konstanten, die Brechzahl n und den Absorptionsgrad α, beschrieben. In der linearen Optik sind diese Größen unabhängig von der Intensität des einfallenden Lichts. Daraus folgen zwei wichtige Prinzipien der linearen Optik:
Das Superpositionsprinzip, welches besagt, dass sich die Lichtwellen gegenseitig nicht beeinflussen und ungestört überlagern.
Und zum anderen die Erhaltung der Frequenz, was bedeutet, dass bei der Wechselwirkung von Licht mit Materie keine neuen Lichtfrequenzen entstehen.

Die elektrische Feldstärke $\vec{E}$ der einfallenden Lichtwelle übt auf die elastisch gebundenen Elektronen eine Kraft aus. Unter dem Einfluss dieser Kraft beginnen die Elektronen zu schwingen und strahlen ihrerseits Wellen derselben Frequenz ab. Ein schwingender Dipol ist entstanden. Die Summe aller Dipolmomente in der Volumeneinheit des Mediums wird elektrische Polarisation $\vec{P}$ genannt.
Es besteht ein linearer Zusammenhang zwischen der Polarisation und der Feldstärke:

$$\vec{P} = \varepsilon_0 \chi \vec{E} \tag{4.14}$$

Dabei ist ε_0 die elektrische Feldkonstante und χ die elektrische Suszeptibilität. Dieser Zusammenhang ist vergleichbar mit dem Hookeschen Bereich einer elastischen Feder, bei der die Auslenkung proportional zur rücktreibenden Kraft ist.
Bei normalen Lichtquellen können Feldstärken von typisch $\vec{E} = 100\ V/m$ erreicht werden. Bei diesen Feldstärken treten Auslenkungen der Elektronen von ungefähr $10^{-18}\ m$ auf, was sehr klein gegenüber den Atomabmessungen von $10^{-10}\ m$ [24] ist.
Bei den hohen Feldstärken eines Laserstrahls können jedoch die Auslenkungen so groß werden, dass der lineare Zusammenhang zwischen Polarisation und Feldstärke nicht mehr erfüllt ist.

4.3.1 Wellengleichung der nichtlinearen Optik

In Abwesenheit äußerer Ladungen und Ströme haben die Maxwellschen Gleichungen im Medium die Form [24]

$$rot\,\vec{E} = -\frac{\partial \vec{B}}{\partial t} \tag{4.15}$$

$$rot\,\vec{H} = \frac{\partial \vec{D}}{\partial t} + \vec{J} = \frac{\partial \vec{D}}{\partial t} \tag{4.16}$$

$$div\,\vec{D} = \rho = 0 \tag{4.17}$$

$$div\,\vec{B} = 0 \tag{4.18}$$

Unter Beachtung der elektrischen Polarisation gilt:

$$\vec{D} = \varepsilon_0 \vec{E} + \vec{P} \tag{4.19}$$

Im magnetischen neutralen Medium tritt keine magnetische Polarisation auf:

$$\vec{B} = \mu_0 \vec{H} + \mu_0 \vec{M} = \mu_0 \vec{H} \tag{4.20}$$

Anwendung von *rot* auf 4.15:

$$rot\,\vec{E} = -\frac{\partial \vec{B}}{\partial t} \tag{4.21}$$

$$rot\,rot\,\vec{E} = -rot\frac{\partial \vec{B}}{\partial t} \tag{4.22}$$

$$\overset{(4.20)}{=} -rot\frac{\partial(\mu_0 \vec{H})}{\partial t} \tag{4.23}$$

$$= -\mu_0 \frac{\partial}{\partial t} rot\vec{H} \tag{4.24}$$

$$\overset{(4.16)}{=} -\mu_0 \frac{\partial}{\partial t}\frac{\partial \vec{D}}{\partial t} \tag{4.25}$$

$$\overset{(4.19)}{=} -\mu_0 \frac{\partial^2}{\partial t^2}(\varepsilon_0 \vec{E} + \vec{P}) \tag{4.26}$$

$$-rot\,rot\,\vec{E} - \mu_0\varepsilon_0 \frac{\partial^2}{\partial t^2}\vec{E} = \mu_0 \frac{\partial^2}{\partial t^2}\vec{P} \tag{4.27}$$

Es gilt die Beziehung $-rot\,rot\,\vec{E} = -grad\,div\,\vec{E} + \Delta\vec{E}$. Aus 4.17 folgt $div\,\vec{E} = 0$ und somit $grad\,div\,\vec{E} = 0$. Folglich wird die Beziehung zu:

$$-rot\,rot\,\vec{E} = \Delta\vec{E} \tag{4.28}$$

Einsetzen in Gleichung 4.27:

$$\Delta\vec{E} - \mu_0\varepsilon_0 \frac{\partial^2}{\partial t^2}\vec{E} - \mu_0 \frac{\partial^2}{\partial t^2}\vec{P} \tag{4.29}$$

Mit der Vakuumlichtgeschwindigkeit

$$c_0 = \frac{1}{\sqrt{\mu_0\varepsilon_0}} \tag{4.30}$$

folgt daraus die Wellengleichung im homogenen, strom- und ladungsfreien sowie magnetisch neutralen Medium.

$$\Delta\vec{E} - \frac{1}{c_0^2}\frac{\partial^2}{\partial t^2}\vec{E} = \mu_0 \frac{\partial^2}{\partial t^2}\vec{P} \qquad mit\ \vec{P} = \vec{P}_L + \vec{P}_{NL} \tag{4.31}$$

4.3.2 Polarisation bei hohen Feldstärken

Bei Einfall einer Lichtwelle mit einer hohen sinusförmigen Feldstärke vollführt das Elektron anharmonische Schwingungen. Das bedeutet, in der Polarisation treten Oberwellen auf. Dieser Effekt wird auf die Feldabhängigkeit der Suszeptibilität χ zurückgeführt. Diese Feldabhängigkeit kann durch die Reihenentwicklung

$$\chi(\vec{E}) = \chi^{(1)} + \chi^{(2)}\vec{E} + \chi^{(3)}\vec{E}^2 + \ldots \tag{4.32}$$

ausgedrückt werden. Einsetzen in Gl. 4.14 ergibt:

$$\vec{P} = \varepsilon_0(\chi^{(1)}\vec{E} + \chi^{(2)}\vec{E}^2 + \chi^{(3)}\vec{E}^3 + \ldots) \tag{4.33}$$

Für Festkörper ergeben sich folgende Größenordnungen [11]:

$$\chi^{(1)} \approx 1, \quad \chi^{(2)} \approx 10^{-10}\ cm/V, \quad \chi^{(3)} \approx 10^{-17}\ cm^2/V^2$$

Da die höheren Ordnungen der nichtlinearen Anteile sehr schnell kleiner werden, sind beträchtliche Feldstärken erforderlich, um eine spürbare Polarisation durch die nichtlinearen Glieder zu erreichen.

Für eine Lichtwelle, deren Feldstärke aus einer Kosinuswelle

$$\vec{E} = \vec{E}_0 \cos(\omega t) \tag{4.34}$$

besteht, und unter Berücksichtigung nur der linearen und quadratischen Glieder, ergibt sich die Polarisation zu:

$$\vec{P} = \varepsilon_0(\chi^{(1)}\vec{E}_0 \cos(\omega t) + \chi^{(2)}\vec{E}_0^2 \cos^2(\omega t)) \tag{4.35}$$

Durch eine einfache trigonometrische Umformung folgt

$$\vec{P} = \varepsilon_0(\frac{1}{2}\chi^{(2)}\vec{E}_0^2 + \chi^{(1)}\vec{E}_0 \cos(\omega t) + \frac{1}{2}\chi^{(2)}\vec{E}_0^2(1+\cos(2\omega t)) \tag{4.36}$$

oder einfacher

$$\vec{P} = \vec{P}^{(0)}(0) + \vec{P}^{(1)}(\omega) + \vec{P}^{(2)}(2\omega) \tag{4.37}$$

Die Polarisationswelle enthält also neben der Grundwelle $\vec{P}^{(1)}(\omega)$ einen Gleichanteil $\vec{P}^{(0)}(0)$ und einen Anteil mit der doppelten Frequenz $\vec{P}^{(2)}(2\omega)$. Somit wird bei diesem Effekt Licht mit doppelter Frequenz, der 2. Harmonischen, generiert.

4.3.3 Die Suszeptibilität für Effekte 2. Ordnung

Die allgemeine Beziehung zwischen dem nichtlinearen Anteil der Polarisation $\vec{P}_{NL}$ und dem quadratischen Feldstärketerm $\vec{E}\vec{E}$ wird durch einen Tensor χ_{ijk} dargestellt.

$$\vec{P}^{(2)}_{i,NL} = \frac{\varepsilon_0}{2}\sum_{jk}\chi_{ijk}\vec{E}_j\vec{E}_k \tag{4.38}$$

Dabei handelt es sich um einen Tensor 3. Stufe, d.h. eine 3x3x3 Matrix, die die drei Komponenten (x,y,z) der Polarisation mit den neun Gliedern des quadratischen Feldstärketerms verknüpft.

Wenn die Frequenz der einfallenden Lichtwelle weit unterhalb der Resonanzfrequenz liegt, dann ist χ unabhängig von der Lichtfrequenz. Damit bleibt χ unverändert wenn man die beiden Indizes vertauscht

$$\chi_{ijk} = \chi_{ikj} \tag{4.39}$$

und die Matrix reduziert sich auf 18 Elemente. Diese Symmetrie heißt Kleinman-Symmetrie [25] und gilt für absorptionsfreie Medien, d.h. weit weg von jeder Resonanz. In der Praxis werden die sogenannten materialspezifischen d-Koeffizienten verwendet. Diese definieren sich aus der Suszeptibilität über:

$$d_{ijk} = \frac{1}{2}\chi_{ijk} \tag{4.40}$$

Für die Polarisation 2. Ordnung lautet dann die vereinfachte Notation [26]:

$$\begin{pmatrix} \vec{P}^{(2)}_x \\ \vec{P}^{(2)}_y \\ \vec{P}^{(2)}_z \end{pmatrix} = \varepsilon_0 \begin{pmatrix} d_{11} & d_{12} & d_{13} & d_{14} & d_{15} & d_{16} \\ d_{21} & d_{22} & d_{23} & d_{24} & d_{25} & d_{26} \\ d_{31} & d_{32} & d_{33} & d_{34} & d_{35} & d_{36} \end{pmatrix} \cdot \begin{pmatrix} \vec{E}^2_x \\ \vec{E}^2_y \\ \vec{E}^2_z \\ 2\vec{E}_y\vec{E}_z \\ 2\vec{E}_x\vec{E}_z \\ 2\vec{E}_x\vec{E}_y \end{pmatrix} \tag{4.41}$$

Aufgrund der Symmetrieeigenschaften, die die meisten Kristalle besitzen, werden einige d-Koeffizienten zu Null, wodurch sich die d_{ij}-Matrix vereinfacht.

Dies lässt sich am einfachsten an einem Kristall mit Inversionssymmetrie erklären. Eine Drehung um die z-Achse von 180° bewirkt, dass der Kristall in sich selbst übergeht. Ein angelegtes $\vec{E}_x$-Feld wird dabei in ein negatives $\vec{E}_x$-Feld transformiert. Ebenso führt die Rotation dazu, dass die Koeffizienten der Matrix von d in –d übergehen. Da sich bei der Rotation physikalisch keine Änderung ergibt, muss dieselbe

Polarisation induziert werden. Dies wäre aber unter diesen Umständen nicht gegeben:

$$d_{11}\vec{E}_x^2 \neq -d_{11}(-\vec{E}_x)^2$$

Somit muss das d-Element Null sein. Aus der Kombination aller Symmetrieoperationen ergeben sich 32 Kristallklassen, wovon 11 eine Inversionssymmetrie besitzen. Diese Kristalle sind nicht zur Frequenzverdopplung geeignet.
Symmetrieüberlegungen im Formalismus der Gruppentheorie erlauben aus der Kristallsymmetrie die nicht verschwindenden d_{ij}-Koeffizienten zu berechnen (Abb. 4.4).

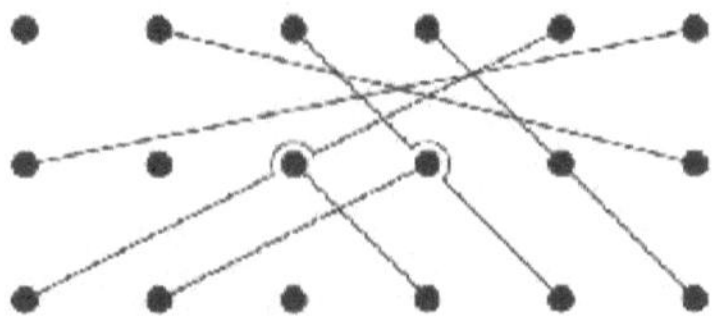

Abb. 4.4 Ist in einem Kristall ein d-Koeffizient der d-Matrix ungleich Null, so gilt dies auch für den verbundenen der darüber hinaus den gleichen Absolutwert besitzt.

Eine weitere Vereinfachung ergibt sich durch die Festlegung der Ausbreitungsrichtung und der Polarisation der einfallenden Lichtwelle. Der Tensor lässt sich dann durch ein Skalar ersetzen, das den effektiven d-Koeffizient d_{eff} für diese Annordnung beschreibt. Für die Frequenzverdopplung lautet dieser Zusammenhang [27]:

$$\vec{P}^{(2)} = \varepsilon_0 d_{eff} \vec{E}^2 \tag{4.42}$$

4.3.4 Phasenanpassung

Ausgehend von den Maxwellgleichungen folgt aus der Grundgleichung der nichtlinearen Optik der Ausdruck für die Amplitude der 2. Harmonischen [28,29]:

$$\frac{\partial \vec{E}_2}{\partial z} = i\frac{\omega_2}{n_2 c}\chi \vec{E}_1^2 \exp(-i\Delta k z) \tag{4.43}$$

Dabei gilt das Prinzip der Energie- und Impulserhaltung

$$E_{\omega,1.\,\text{Photon}} + E_{\omega,2.\,\text{Photon}} = E_{2\omega} \tag{4.44}$$

$$p_{\omega,1.\,\text{Photon}} + p_{\omega,2.\,\text{Photon}} = p_{2\omega} \tag{4.45}$$

$$\frac{h}{2\pi}k_\omega + \frac{h}{2\pi}k_\omega = \frac{h}{2\pi}k_{2\omega} \tag{4.46}$$

$$\frac{h}{\lambda n_\omega} + \frac{h}{\lambda n_\omega} = \frac{h}{n_{2\omega}\lambda/2} \tag{4.47}$$

$$n_\omega = n_{2\omega} \tag{4.48}$$

Das h steht dabei für das Planksche Wirkumsquantum. Das bedeutet im Photonenbild (Abb. 4.5), dass zwei Photonen der Grundwelle ω_1 in ein Photon der Oberwelle ω_2 umgewandelt werden.

Die Kreiswellenzahl k steht mit dem Brechungsindex n in folgender Beziehung:

$$k_\omega = \frac{\omega_1}{c_1} = \frac{\omega_1 n_\omega}{c_0}, \quad k_{2\omega} = \frac{\omega_2}{c_2} = \frac{\omega_2 n_{2\omega}}{c_0} \tag{4.49}$$

Die Phasenfehlanpassung

$$\Delta k = k_{2\omega} - 2k_\omega = \frac{2\omega_1}{c_0}(n_{2\omega} - n_\omega) \tag{4.50}$$

hängt dabei von den Brechungsindizes der Grund- und Oberwelle ab und ist auf Grund der Dispersion optischer Materialien immer vorhanden.

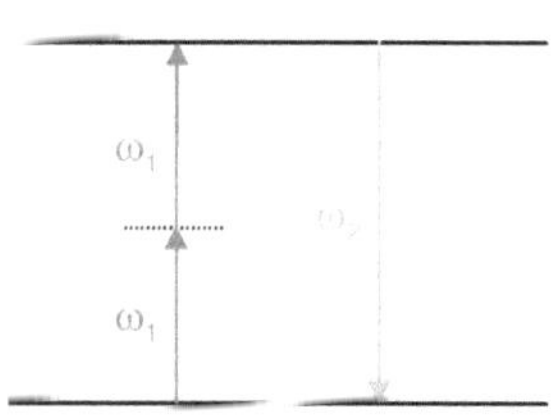

Abb. 4.5 Erzeugung ein Photons mit doppelter Frequenz durch zwei Photonen-Absorption.

Mit der Annahme, dass die Grundwelle im Kristall nur geringfügig abgeschwächt wird (E_1=*const.*), lässt sich Gl. 4.43 leicht integrieren und man erhält für die Oberwellen-amplitude in Abhängigkeit von der Kristalllänge L_C:

$$\vec{E}_2(L_C) = i\frac{\omega_2\chi}{n_2 c} L_C \vec{E}_1^2 \frac{\sin\left(\frac{\Delta k L_C}{2}\right)}{\frac{\Delta k L_C}{2}} \exp\left(-i\frac{\Delta k L_C}{2}\right) \tag{4.51}$$

Die Intensität ist proportional zum Quadrat der elektrischen Feldstärke und damit folgt für die Intensität der 2. Harmonischen:

$$I_2 \propto L_C^2 sinc^2\left(\frac{\Delta k L_C}{2}\right) \tag{4.52}$$

In Abb. 4.6 ist diese Funktion dargestellt. Hier kann man sehen, dass für eine Phasenfehlanpassung (Δk $\neq$ 0) die Oberwellenintensität oszilliert und effektive Frequenzverdopplung nur in einem kleinen Bereich möglich ist, der durch die Kohärenzlänge

$$l_{coh} = \frac{\pi}{\Delta k} = \frac{\lambda}{4(n_{2\omega} - n_\omega)} \tag{4.53}$$

begrenzt ist.

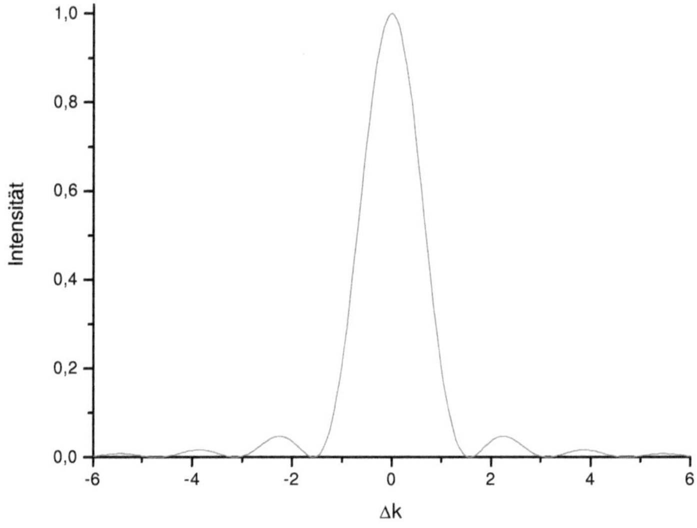

Abb. 4.6 Intensität der Oberwelle als Funktion der Phasenanpassung.

Für die Brechungsindexdifferenz von Grund- und Oberwelle in Kristallen mit normaler Dispersion liegen die typischen Werte bei ≈ 10^{-2} [30], was eine Kohärenzlänge von einigen 10 µm ergibt. Da aber die Intensität der Oberwelle quadratisch mit der Kristalllänge L_C anwächst, ist die Phasenanpassungsbedingung $\Delta k = 0$ für eine effiziente Konversion unumgänglich. Um diese Bedingung zu erfüllen, muss die Beziehung 4.48 erfüllt werden. Diese Bedingung wird als Index-Matching bezeichnet. Diese stellt sicher, dass sich Grund- und Oberwelle mit derselben Phasengeschwindigkeit ausbreiten und sich die an verschiedenen Stellen im Kristall erzeugten Oberwellen konstruktiv überlagern.

4.3.5 Realisierung der Phasenanpassung

Eine Möglichkeit der Phasenanpassung besteht darin, die Doppelbrechung eines nichtlinearen Kristalls auszunutzen. Da die Lichtgeschwindigkeit von der Richtung zur optischen Achse und von der Polarisationsrichtung zu dieser abhängt, gibt es einen bestimmten Winkel für den die Gl. 4.48 erfüllt ist.

Dabei wird zwischen zwei Methoden unterschieden:

1. Wird die Grundwelle entlang einer Hauptachse in den Kristall eingestrahlt (Abb. 4.7), so sind Grundwelle und zweite Harmonische entlang der beiden anderen Hauptachsen polarisiert. Aufgrund der Temperaturabhängigkeit der Brechungsindizes kann die Kristalltemperatur so gewählt werden, dass Gl. 4.48 erfüllt ist. Da jedoch die Temperaturabhängigkeit sehr gering ist, wird dieses Verfahren, dass auch als nicht kritische Phasenanpassung (NCPM) bezeichnet wird, selten angewendet.

2. In einem nichtlinearen doppelbrechenden Kristall gibt es einen bestimmten Winkel θ, bei dem sich die Grund- und Oberwelle mit derselben Phasengeschwindigkeit ausbreiten. Dieser kann über folgende Gleichung für unterschiedliche Kristalle berechnet werden [31]:

$$\sin^2(\theta) = \frac{n_o^{-2}(\omega) - n_o^{-2}(2\omega)}{n_e^{-2}(2\omega) - n_o^{-2}(2\omega)} \qquad (4.54)$$

Diese Methode der Phasenanpassung wird häufiger eingesetzt, da die mögliche Variation des Brechungsindexes größer ist.

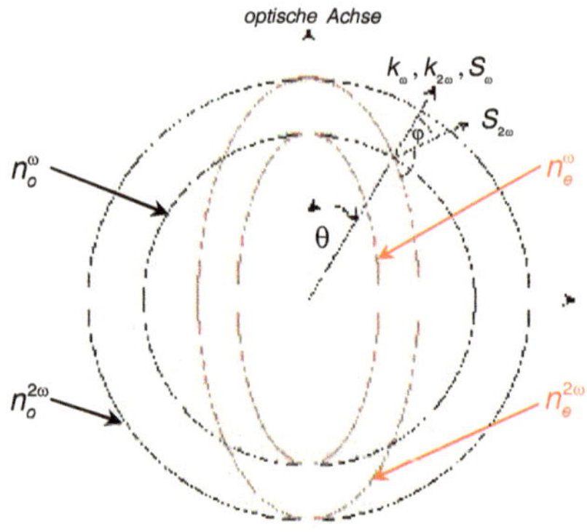

Abb. 4.7 Erfüllung der Phasenanpassungsbedingung in einem uniaxialen Kristall. n_o ist der ordentliche-, n_e der außerordentliche Brechungsindex.

In Abb. 4.7 ist zu sehen, dass die Richtung des Poynting-Vektors $S_{2\omega}$ und des Wellenvektors k_2 nicht übereinstimmen. Dies liegt daran, da in anisotropen Medien die Ausbreitungsrichtung des Strahls nicht senkrecht auf den Wellenflächen steht. Die dadurch verursachte räumliche Trennung der Grundwelle und der 2. Harmonischen wird als walk-off bezeichnet und führt zu einer Reduktion der Effizienz.
Da dieses Verfahren empfindlich gegenüber Abweichungen vom idealen Phasenanpassungswinkel θ ist, wird diese auch als kritische Phasenanpassung (CPM) bezeichnet.

Eine Phasenanpassung ist nur für eine bestimmte Polarisation der Grundwelle möglich. Es wird je nach Polarisation der drei beteiligten Wellen ($n_o(\omega)$, $n_o(2\omega)$, $n_e(2\omega)$) zwischen zwei Typen der Phasenanpassung unterschieden:

Typ I: Die Grundwelle wird als ordentliche Welle in negativ ($n_o > n_e$) oder als außerordentliche Welle in positiv ($n_o < n_e$) uniaxiale Kristalle eingestrahlt. Die 2. Harmonische ist dann eine Welle mit der jeweils anderen Polarisation. Diese Art der Wechselwirkung wird entsprechend auch mit ooe bzw. eeo bezeichnet.

Typ II: Die Grundwelle wird mit einer Polarisation von 45° zum ordentlichen Brechungsindex eingestrahlt. Sie spaltet sich dann in einen ordentlichen und einen außerordentlichen Anteil auf. Die 2. Harmonische ist dann wiederum eine ordentliche Welle in positiven (oeo) uniaxialen bzw. eine außerordentliche Welle in negativ (oee) uniaxialen Kristallen.

5. Aufbau des Autokorrelators

Für die Gewinnung der Intensitätsautokorrelation wurde die Anordnung des Autokorrelators so modifiziert, dass die beiden Strahlen nicht-kollinear verlaufen, sondern über eine Linse in den Kristall fokussiert werden.

5.1 Optiken und Detektor

Die 45°-Spiegel, die in diesem Autokorrelator verbaut wurden, sind für Wellenlängen von 1064 nm konzipiert und tragen so zu einer verlustfreien Strahlführung bei. Der Strahlteiler ist für p-polarisierte Laserstrahlung ausgelegt und teilt den Laserpuls in zwei Teilpulse gleicher Intensität.

Nach Gl. 4.52 hat der Einfallswinkel der Laserstrahlen erheblichen Einfluss auf die Frequenzverdopplung. Ist der Fokus der Linse zu kurz, so ist nach Gl. 3.6, 3.7 die Fokussierlänge nicht lang genug, und die Strahlen treffen mit einem Winkel auf den Kristall, der außerhalb des Bereiches der effektiven Frequenzverdopplung liegt (Abb. 5.1). Aus diesem Grund wurde für die Fokussierung der beiden Laserpulse eine Linse mit einer Brennweiteweite von 200 mm verwendet.

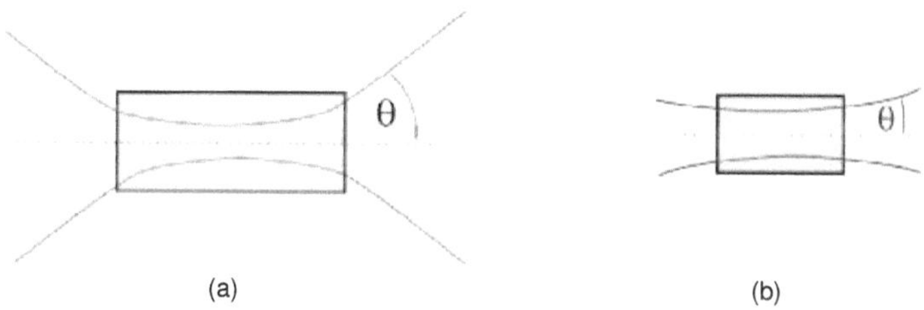

Abb. 5.1 Fokussierung eines Laserstrahls durch einen Kristall mit zu kleiner (a) und ausreichender Fokuslänge (b).

Die für die Detektion des Signals verwendete Siliziumdiode ist mit einer spektralen Bandbreite von 420 bis 675 nm [32] optimal für die Wellenlänge der 2. Harmonischen ausgelegt. Die Diode wird mit einer 9V Batterie betrieben, wobei die Spannung für das Oszilloskop über einen 1 kΩ Widerstand abgegriffen wird. Die Empfindlichkeit von 9 nA/lx ermöglicht eine sehr präzise Aufnahme besonders im unteren Bereich des Intensitätsverlaufs.

5.2 Nichtlinearer Kristall

Zur Frequenzverdopplung wird ein BBO-Kristall (β-BaB_2O_4) mit Typ I Phasenanpassung verwendet. Der BBO ist ein negativer uniaxialer Kristall der sich durch seine hohe Zerstörschwelle von 0,5 GW/cm² [33] auszeichnet. Sein Phasenanpassungswinkel lässt sich über die Brechungsindizes n_o und n_e, die mit Hilfe der Sellmeier-Gleichung bestimmt werden, berechnen. Zu beachten ist, dass die Wellenlänge λ in der Sellmeier-Gleichung in µm eingesetzt wird:

$$\begin{aligned} n_o^2 &= A_o + \frac{B_o}{\lambda^2 - C_o} - D_o\lambda^2 \\ n_e^2 &= A_e + \frac{B_e}{\lambda^2 - C_e} - D_e\lambda^2 \end{aligned} \tag{5.1}$$

Mit den Sellmeier-Koeffizienten [33]

$$\begin{array}{ll} A_o=2{,}73590 & A_e=2{,}37530 \\ B_o=0{,}01878 & B_e=0{,}01224 \\ C_o=0{,}01822 & C_e=0{,}01667 \\ D_o=0{,}01354 & D_e=0{,}01510 \end{array}$$

ergeben sich die Brechungsindizes zu:

$$\begin{array}{ll} n_o^w=1{,}494 & n_o^{2w}=1{,}512 \\ n_e^w=1{,}460 & n_e^{2w}=1{,}470 \end{array}$$

Aus diesen berechnet sich nach Gl. 4.54 der Phasenanpassungswinkel θ zu 22,8°.

Der BBO gehört zur Kristallklasse 3m wobei seine nichtverschwindenden d-Koeffizienten folgende Werte besitzen:

$$\begin{aligned} d_{33} &= 2{,}552 \\ d_{31} &= 0{,}128 \\ d_{22} &< 0{,}128 \end{aligned}$$

Mit ihnen lässt sich der nichtlineare Koeffizient d_{eff} wie folgt ermitteln:

$$d_{eff} = d_{31}\sin\theta + (d_{33}\cos(3\varphi) - d_{22}\sin(3\varphi)\cos\theta \tag{5.2}$$

Hierbei sind θ und φ die Winkel in Polarkoordinaten, die der einfallende Laserstrahl mit den Kristallachsen bildet. Mit den Winkeln $\theta = 22{,}8°$ und $\varphi = 0°$ ergibt sich sein nichtlinearer Koeffizient d_{eff} von 2,74 pm/V. Dieser relativ große Wert ermöglicht eine hohe Konversionseffizienz, weswegen der BBO hervorragend für die Durchführung der Pulsmessung geeignet ist. Der große walk-off Winkel von 2,7° macht sich durch die geringe Abmessung des Kristalls von 1mm kaum bemerkbar.
Aufgrund seiner hygroskopischen Eigenschaft wird er nach Durchführung der Messung luftdicht abgeschlossen.

6. Experimentelle Ergebnisse

6.1 Messung der Energiedichte

Die Leistungsmessung der ausgehenden Laserstrahlung wurde mit einem thermoelektrischen Leistungsmesser der Firma *Coherent* durchgeführt. Die Laserleistung ist in Abb. 6.1 für unterschiedliche Repetitionsraten dargestellt.

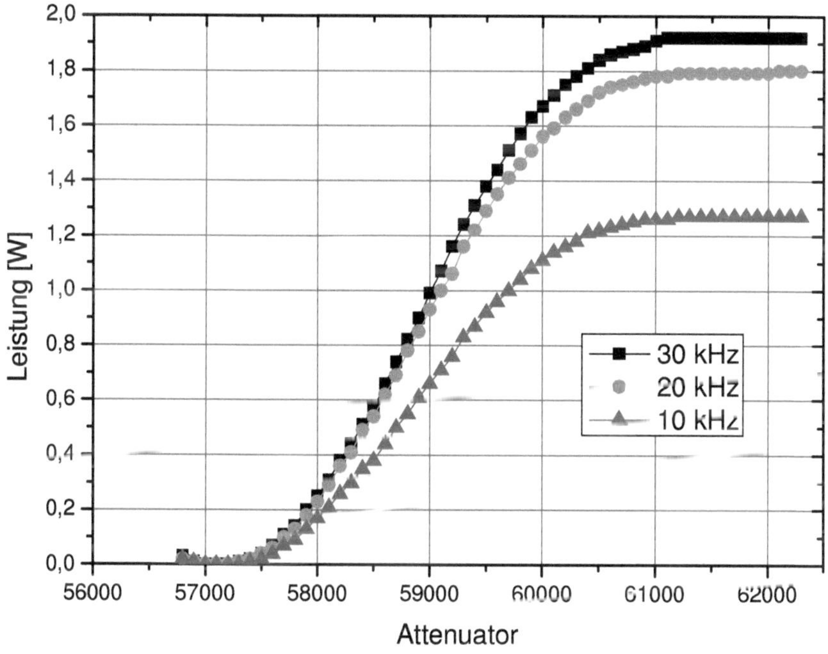

Abb. 6.1 Ausgehende mittlere Laserleistung bei unterschiedlichen Repetitionsraten in Abhängigkeit der Attenuatorstellung.

Die Fokussierung des Lasers auf die Bearbeitungsebene erfolgt über ein Objektiv mit einer Brennweite von 58,2 mm. Nach 3.6 berechnet sich der erzielbare Strahldurchmesser zu 35 µm.
Um für die Mikrobearbeitung feinere Schnitte zu erzielen, wird der Strahl mit Hilfe eines Teleskops aufgeweitet. Da die Energiedichten bei der Fokussierung sehr hoch sind, wird für die Strahlaufweitung eine Galileo Fernrohr verwendet.
Der Strahldurchmesser *D*, der auf die Linse auftrifft, ist nun um den Vergrößerungsfaktor *V* des Teleskops größer und der entstandene Brennfleckdurchmesser um diesen kleiner. Mit einer 6-fachen Vergrößerung des Strahlaufweiters ergibt sich ein neuer Fokusdurchmesser von 6 µm.

Die Fluenzen, die sich aus diesem Durchmesser ergeben, erreichen einen Wert von über 500 J/cm² und ermöglichen diesem System eine Vielzahl von Applikationen an unterschiedlichen Materialien.

In Abb. 6.2 und 6.3 sind zwei wesentliche Verfahren des pulsbetrieben Lasers abgebildet.
Das Einbringen von Bohrungen in nahezu alle Materialien war eines der ersten fertigungstechnischen Anwendungen des Lasers.
Abb. 6.2 (a) zeigt eine Bohrung, die mit der Trepanier-Methode geschnitten wurde. Dabei wird zunächst ein Durchgangsloch erzeugt und anschließend in einem Umlauf das Loch herausgeschnitten.
Das Verfahren des Perkussionsbohrens zeigt Abb. 6.2 (b). Die Bohrung entsteht durch wiederholtes Einbringen von Pulsen mit geringer Pulsenergie auf die gleiche Stelle. Dadurch lassen sich präzise Löcher mit sehr kleinen Durchmessern erzeugen.

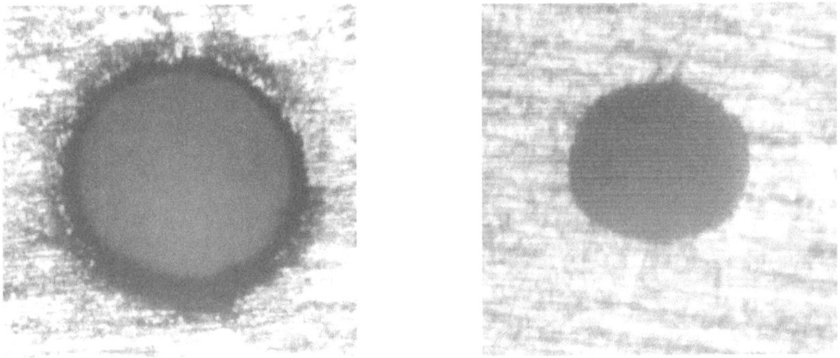

(a) (b)

Abb. 6.2 (a) zeigt eine Bohrung mit einem Durchmesser von 400 µm, die mit dem Trepanier-Verfahren geschnitten wurde. Das Loch, mit dem Durchmesser von 100 µm, in (b) wurde mit der Methode des Perkussionsbohrens erzeugt. Das verwendete Material war ein 0,1 mm starkes Blech aus Federstahl.

Das zweite wesentliche Verfahren ist das Abtragen dünner Schichten mit dem Laserstrahl. Dabei führt die Absorption des Laserlichtes zum Aufheizen und zum schlagartigen Verdampfen des Materials. Durch die Änderung der Energie ist es möglich, in einem Mehrschichtsystem mit unterschiedlichen Materialien gezielt die oberste Schicht zu entfernen.

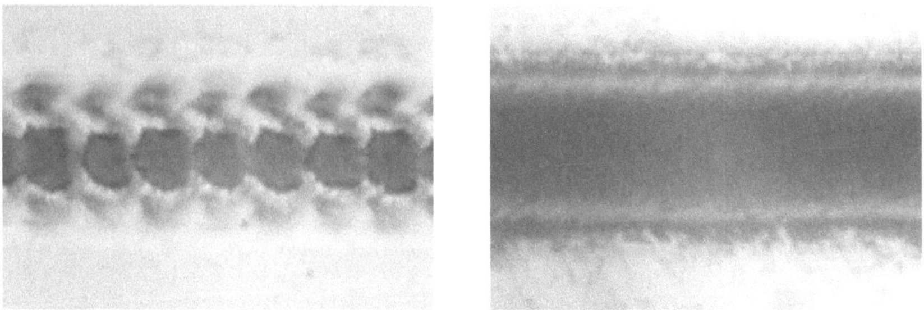

(a) (b)

Abb. 6.3 Abtragen einer Molybdänschicht auf einem Glassubstrat. Bild (a) zeigt die Ablation bei einer Repetitionsrate von 1kHz, in Bild (b) wurde mit einer Pulsrate von 20 kHz gearbeitet.

6.2 Messung der Beugungsmaßzahl M^2

Die Fokussierung des Laserstrahls erfolgt über eine Linse mit einer Brennweite von 200 mm direkt am Strahlausgang des Lasers. Die Schrittweite der gemessenen Durchmesser betrug 20 mm, wobei die Distanz im Bereich der Rayleighlänge bis auf 2,5 mm reduziert wurde. Zur Leistungsaufnahme kam ein thermoelektrischer Leistungsmesser der Firma *Coherent* zum Einsatz. Mit einer Auflösung im Bereich von mW ist dieser ausreichend genau um anwendbare Resultate zu erzielen.
Die Messung des Laserstrahls wurde in x- und y- Richtung durchgeführt. Die quadrierten Werte in Abhängigkeit der Schneideposition sind in Abb. 6.4 dargestellt. Es ist ersichtlich, dass horizontaler und vertikaler Fokus im Rahmen der Messgenauigkeit an der gleichen Stelle liegen. Die Strahlqualität mit einem M^2 von 1,04 für die x- bzw. 1,16 für die y-Richtung weist eine hohe Güte auf, wie sie für Festkörperlaser typisch ist. Die unterschiedlichen Beugungsmaßzahlen ergeben sich durch den Resonatorspiegel des reg. Verstärkers. Aufgrund seiner Stellung werden für beide Richtungen andere höhere Moden aus- bzw. in den Verstärker gekoppelt, die sich unterschiedlich überlagern und so die abweichenden Werte bilden.

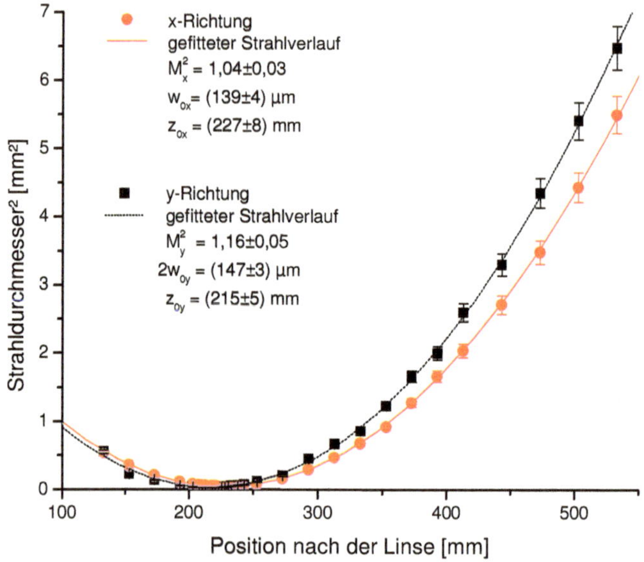

Abb. 6.4 Gemessene und anschließend quadrierte Strahldurchmesser für horizontale (x-) und vertikale (y-) Richtung in Abhängigkeit zur Linse mit Brennweite f=200 mm.

Eine Messung der Rayleighlänge z_R ergab einen Wert von 15 mm der sehr gut mit der theoretisch berechneten Länge von 13,8 mm übereinstimmt. Auch der Fernfeld-divergenzwinkel θ des fokussierten Laserstrahls entspricht mit seinen gemessenen 3,83 mrad dem berechneten Wert von 3,81 mrad.
Eine visuelle Darstellung des Strahls durch einen Beamprofiler zeigt ein für verschiedene M^2 Werte typisches elliptisches Strahlprofil.

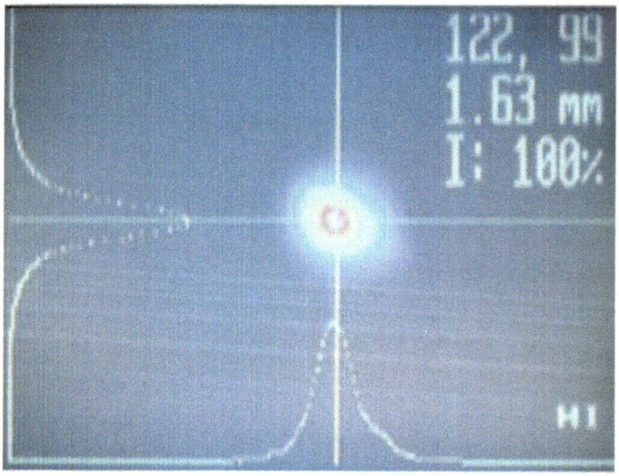

Abb. 6.5 Intensitätsmessung des Strahlquerschnitts mit einem Beamprofiler.

6.3 Messung der Laserpulslänge

Um die Diode unterhalb ihrer Sättigung zu betreiben, wurde mit einer Laserleistung von 130 mW bei einer Repetitionsrate von 20 kHz gearbeitet.
Der Laserstrahl wird durch den Einkoppel-Spiegel in den Autokorrelator gelenkt. Die Strahljustierung erfolgt über zwei Blenden, durch die der Strahl eingefädelt wird. Der einlaufende Laserpuls wird am 50:50 Strahlteiler in zwei gleich große Teilpulse zerlegt, wobei der eine über eine variable Verzögerungsstrecke s_2 läuft (Abb. 6.5). Beide Pulse werden dann durch eine Linse fokussiert und schließlich in einem nichtlinearen Kristall zur Überlagerung gebracht. Das erzeugte Signal, die zweite Harmonische, wird durch einen Detektor aufgenommen und auf einem 400 MHz Oszilloskop der Firma *Tektronix* dargestellt.
Die manuelle Verschiebung der Pulse gegeneinander erfolgt über eine Verzögerungstrecke, die auf einem Positioniertisch mit Mikrometer-Skala aufgebaut ist. Die minimale sinnvolle zeitliche Auflösung liegt bei einer Änderung von 100 µm und beträgt demnach 0,66 ps. Hierbei wurde beachtet, dass der Puls die doppelte Verzögerungsstrecke zurücklegt, da die Änderung sowohl den Weg des einlaufenden als auch den des auslaufenden Pulses verlängert.
Das auf dem Oszilloskop angezeigte detektierte Signal wird in Abhängigkeit der zeitlichen Verschiebung aufgetragen. Besonders in den Ausläufen der Messkurve wurde eine feine Auflösung verwendet, um eine genaue Form des Kurvenverlaufs zu erhalten.

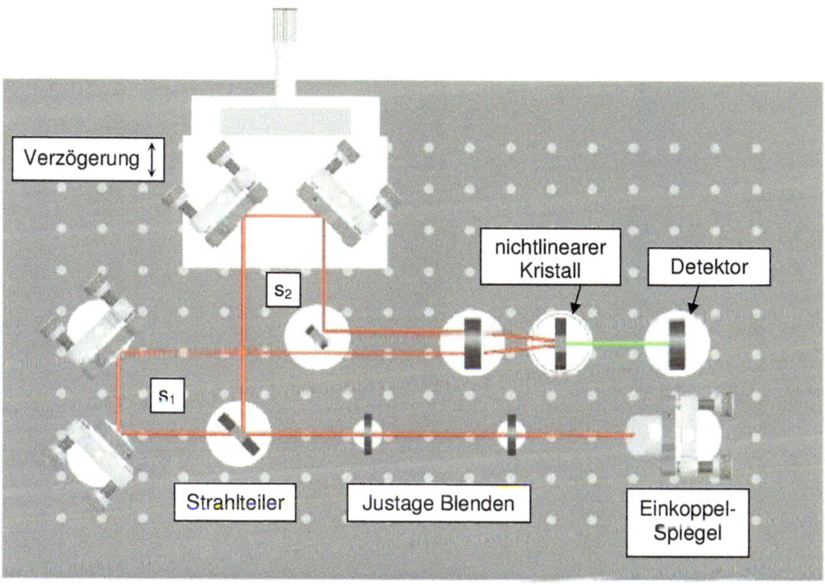

Abb. 6.5 Strahlengang der Laserpulse im Autokorrelator.

Die Pulslänge ergibt sich aus der Halbwertsbreite (FWHM) der Autokorrelationsfunktion (AKF). Zwischen der FWHM des Pulses und seiner AKF besteht ein festes Verhältnis. Diese Eigenschaft ist die Grundlage für die Messung der Pulsbreite mittels optischer Intensitätsautokorrelation. An der Darstellung der Autokorrelation eines ultrakurzen Laserpulses am Oszilloskop wird die FWHM abgelesen und daraus mittels des bekannten Verhältnisses die Pulslänge des Laserpulses bestimmt. Da nicht alle Laser dieselbe Pulsform aussenden, sind in der folgenden Tabelle für andere Pulsformen die Verhältnisse von der FWHM des Originalpulses zu der FWHM der Autokorrelationsfunktion aufgeführt.

Pulsform	$\frac{FWHM(Originalpuls)}{FWHM(AKF)}$
Rechteck	1
Gauß	0,7071
$sech^2$	0,6482
Lorentz	0,5

Tab 6.1 Korrekturfaktoren für verschiedene Pulsformen [34].

Abb. 6.6 zeigt die aufgenommene Messkurve. Aus einem Vergleich des Kurvenverlaufs mit einem $sech^2$- und einem Gauß-Fit folgt eine eindeutige Tendenz zu einem gaußförmigen Puls. Dies bestätigt auch eine halblogarithmische Darstellung wie sie in Abb. 6.7 zu sehen ist, in der die Kurve nahezu eine perfekte Parabelform aufweist. Die Halbwertsbreite der AKF wurde mit 18,5 ps ausgelesen. Zusammen mit dem Korrekturfaktor einer gaußförmigen Pulsform ergibt sich somit eine Laserpulsbreite von 13,1 ps.

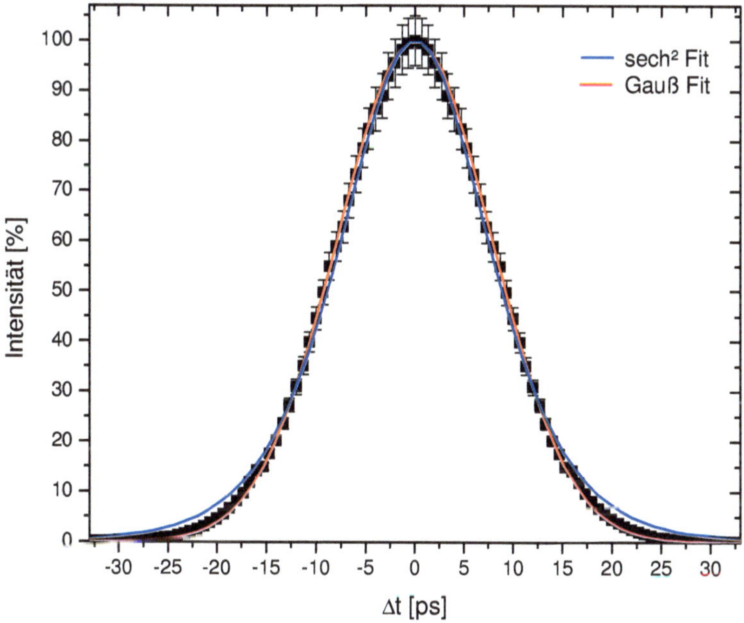

Abb. 6.6 Intensität des Signals in Abhängigkeit der zeitlichen Verschiebung.

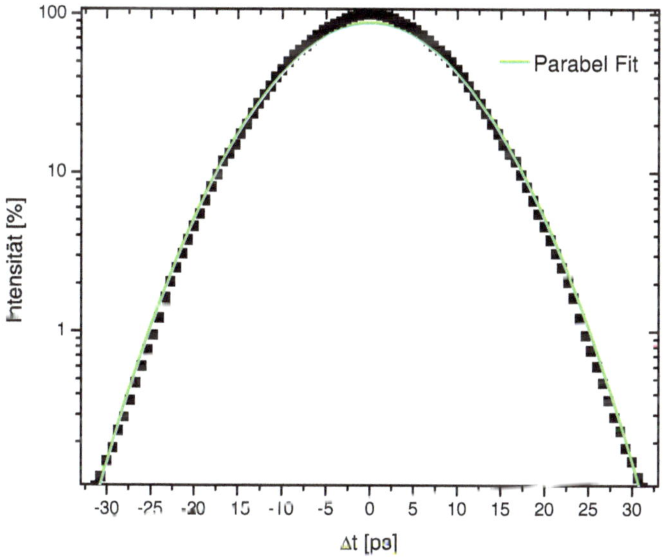

Abb. 6.7 Halblogarithmische Darstellung des Autokorrelationssignals.

7. Zusammenfassung

Das Ergebnis dieser Diplomarbeit ist eine charakterisierte Laseranlage sowie ein voll funktionsfähiger Autokorrelator.

Für das Bearbeitungssystem wurde ein Nd:VAN-Laser mit einer Wellenlänge von 1064 nm der Firma *High Q Laser* eingesetzt. Die Beugungsmaßzahl des ausgehenden Laserstrahls wurde mit der Methode der beweglichen Schneide nach ISO 11146 bestimmt. Die erreichte Strahlqualität liegt bei $M_x^2 = 1{,}04$ bzw. $M_y^2 = 1{,}16$. Die maximale Ausgangsleistung von 1,92 W erreicht der Laser bei einer Repetitionsrate von 30 kHz. Für die Fokussierung auf die Bearbeitungsebene wird ein Objektiv mit einer Brennweite von 58,2 mm eingesetzt. Ein Galileo-Teleskop mit 6-facher Vergrößerung steht für die Strahlaufweitung zur Verfügung. Mit diesen Optiken lässt sich der Laserstrahl auf einen Brennfleckdurchmesser von 6 µm fokussieren. Die Fluenzen von bis zu 500 J/cm² ermöglichen eine Bearbeitung auf nahezu allen Materialien. Der Laser ist somit hervorragend für die Mikrobearbeitung geeignet.

Für die Messung der Intensitäts-Autokorrelationfunktion 2. Ordnung wurde ein Autokorrelator mit nicht-kollinearen Strahlengang aufgebaut. Als nichtlinearer Kristall wurde ein BBO eingesetzt, der mit seiner effektiven Frequenzverdopplung und seiner hohen Zerstörschwelle ideal für die Anwendung im Praktikumsbetrieb geeignet ist. Die Messung des gaußförmigen Laserpulses ergibt eine Pulsbreite (FWHM) von 13,1 ps.

Zusammenfassend lässt sich feststellen, dass das Bearbeitungssystem eine sehr gute Ergänzung zu den bereits vorhanden Anlagen im Laserzentrum der FH-München darstellt. Dies bezieht sich nicht nur auf die Möglichkeiten in der Mikrobearbeitung sondern umfasst auch die Einbindung in die Versuchsreihe der praktischen Lehrveranstaltungen.

Literaturverzeichnis

[1] T. H. Maiman, *Stimulated optical radiation in ruby*, Nature 187 (1960) 433.

[2] J. Eichler und T. Seiler: Lasertechnik in der Medizin, Berlin, Springer Verlag, 1991. ISBN 3-540-52675-7.

[3] K.-M. Erhardt, A. Heine, H. Prommersberger: Laser in der Materialbearbeitung, Vogel Verlag, 1993, ISBN 3-802-30480-2

[4] J. Gowar: Optical Communication Systems, Prentice-Hall, 1993. ISBN 0-136-38727-6

[5] B.N Chichkov, C. Momma, S.Nolte, F. von Alvensleben, A. Tümmermann: Femtosecond, picosecond and nanosecond laser ablation of solids,Appl. Phys. A 63 (1996)

[6] H.R Xia, Spectral parameters of Nd-doped yttrium orthovanadate crystals, J. Appl. Phys. Vol.88, No.9 5134-5137

[7] J. Eichler, H.J. Eichler: Laser Bauformen, Strahlführungen, Anwendungen, Berlin, Springer Verlag, 2006. ISBN 3-540-30149-6

[8] J. D. Kafka, M. L. Watts, and J.-W. Pieterse. Picosecond and Femtosecond Pulse Generation in a Regeneratively Mode-Locked Ti:Sapphire Laser. *IEEE J. Quant. Elect.* 28(10), 2151{2162 (1992).

[9] W. Koechner: Solid-State Laser Engineering, Berlin, Springer Verlag, 1999. ISBN 3-540-65064-4

[10] F. Kneubühl, M. Sigrist: Laser, Teubner, 2005. ISBN 3-835-10032-7

[11] L. Bergmann, C. Schäfer: Lehrbuch der Experimentalphysik, Band 3, Optik. Berlin, Walter de Gruyter, 1993. ISBN 3-11-012973-6

[12] L. E. Hargrove, R. L. Fork, and M. A. Pollack, "Locking of He-Ne laser modes induced by synchronous intracavity modulation," Appl. Phys. Lett. 5, 4 (1964)

[13] D. J. Kuizenga and A. E. Siegman, "FM and AM Mode-Locking of the Homogeneous Laser - Part I: Theory," IEEE J. Quantum Electron. 6, 694–708 (1970)

[14] E. P. Ippen, "Principles of Passive Mode Locking,"Appl. Phys. B 58, 159–170 (1994).

[15] U. Keller, K. J. Weingarten, F. X. Kärtner, D. Kopf, B. Braun, I. D. Jung, R. Fluck, C. Hönninger, N. Matuschek, and J. A. der Au, "Semiconductor Saturable Absorber Mirrors (SESAM's) for Femtosecond to Nanosecond Pulse Generation in Solid-State Lasers," IEEE Journal of Selected Topics in Quantum Electronics 2, 435–453 (1996).

[16] A. Thelen, Design of Optical Interference Coatings (McGraw-Hill, 1989).

[17] Jürgen Eichler, Lothar Dünkel, Bernd Eppich: Die Strahlqualität von Lasern. Laser Technik Journal (LTJ), Oktober 2004 Nr.2

[18] H.J. Eichler, H.-D- Kronfeldt, J. Sahm: Das Neue Physikalische Grundpraktikum. Berlin, Springer Verlag, 2005. ISBN 3-540-21453-4

[19] H. Hügel: Strahlwerkzeug Laser. Stuttgart, Teubner Verlag, 1992. ISBN 3-519-06134-1

[20] H.P.Weber, Method for pulsewidth measurement of ultrashort light pulses generated by phase-locked laser using nonlinear optics, Journ. Appl. Phys.38 (1967) 2231.

[21] P.Yeh, *Autocorrelation of ultrashort optical pulses using polarization interferometry*,Opt. Lett. 8 (1983) 330.

[22] J.Paye, How to measure the amplitude and phase of an ultrashort light pulse with an autocorrelator and a spectrometer, IEEE Journ. Quant. Electr. 30 (1994) 2693

[23] Wolfgang Demtröder: Laserspektroskopie Grundlagen und Techniken. Berlin, Springer Verlag, 2000. ISBN 3-540-64219-6

[24] Hartmann Römer: Theoretische Optik. Weinheim, VCH Verlag, 1994. ISBN 3-527-29066-4

[25] D.A Kleinman: Nonlinear polarization in optical media, Phys. Rev. 174 (1968)

[26] V.G. Dmitriev, G.G.Gurzadyan, D.N. Nikogosyan: Handbook of Nonlinear Optical Crystals. Berlin, Springer Verlag, 1999. ISBN 3 540-65394-5

[27] 1027R. Boyd: Nonlinear optics, Elsevier LTD, 2003. ISBN 0-121-21682-9

[28] J. A. Armstrong, N. Bloembergen, J. Ducuing, P. S.Pershan, Interactions betweenlight waves in a nonlinear dielectric, Phys. Rev. 127 (1962) 1918.

[29] F. Zernike, J. E. Midwinter, Applied nonlinear optics, J. Wiley&Sons, New York, Chichester, Brisbane, Toronto, Singapore (1973)

[30] D. Meschede. Optik, Licht und Laser. Teubner Studienbücher, 1999.

[31] Y.R. Shen. The principles of Nonlinear Optics. John Wiley & Sons, Inc.,1984

[32] Vishay BPW21R Si-Diode Datasheet

[33] CASTECH BBO Crystal Datasheet

[34] Sala Kenneth L., Geraldine A. Kenney-Wallace und Gregory E. Hall: CW Autocorrelation Measurements of Picosecond Laser Pulses.IEEE Journal of Quantum Electronics (JQE), QE-16(9):990–996, 1980.